21世纪高职高专"十二五"规划教材

油品检测技术

主编　李文有　任小娜

天津大学出版社
TIANJIN UNIVERSITY PRESS

内 容 提 要

《油品检测技术》是校企合作、共同开发的基于工作过程的教材,根据石油化工职业技能培训要求,将油品分析工专业理论知识和操作技能等相关内容进行整合,旨在使读者通过油品检验的预处理、汽油检验、柴油检验、喷气燃料检验、润滑油检验、润滑脂检验、石油产品添加剂类检验等七个典型情境的学习,渗透相关知识,掌握油品分析工的基本技能。本书是高职高专石油化工类专业的通用教材,也是油品分析操作人员进行职业技能培训的教材和专业技术人员的参考书。

图书在版编目(CIP)数据

油品检测技术/李文有,任小娜主编.—天津:天津大学出版社,2012.3(2024.1重印)

ISBN 978－7－5618－4295－9

Ⅰ.①油… Ⅱ.①李…②任… Ⅲ.①石油产品－检测Ⅳ.①TE626

中国版本图书馆 CIP 数据核字(2012)第 021729 号

出版发行	天津大学出版社
出 版 人	杨欢
地 址	天津市卫津路 92 号天津大学内(邮编:300072)
电 话	发行部:022—27403647
网 址	publish.tju.edu.cn
印 刷	北京虎彩文化传播有限公司
经 销	全国各地新华书店
开 本	185mm×260mm
印 张	9.5
字 数	237 千
版 次	2012 年 3 月第 1 版
印 次	2024 年 1 月第 5 次
定 价	30.00 元

目　录

前　言

　　人才培养模式的改革和创新是目前高等职业教育理论研究的一个热点问题。校企合作、工学结合是培养职业人才的主要教育模式。校企合作、工学结合的人才培养模式充分利用学校和企业两种不同的教育环境和教育资源,通过学校和合作企业双向介入人才培养的全过程,以培养学生的全面职业素质、技术应用能力和就业竞争力为主线,将学校的理论学习、基本技能训练与企业生产有机结合起来,为生产、服务第一线培养人才。

　　校企合作、工学结合的人才培养模式能够实现学校培养目标与企业评价标准相结合,教学内容与行业标准相结合,教学过程中理论学习与实践操作相结合,学生的角色与企业员工的角色相结合,学习的内容与职业岗位相结合,从而实现职业教育的能力培养专业化、教学环境企业化、教学内容职业化。

　　为探索工学结合的人才培养模式的有效实现形式,提高学生职业岗位能力,加强工作过程导向的课程建设,提高人才培养质量和整体办学水平,依据企业所采用的国家标准和行业标准分析方法,李文有、任小娜等教师与玉门油田炼化总厂油品分析检验检测中心温永红、王淑琴、周莉、魏双虎等高级工程师共同开发了油品检验的预处理、汽油检验、柴油检验、喷气燃料检验、润滑油检验、润滑脂检验、石油产品添加剂类检验等七个典型工作任务作为本书的学习情境。本教材是按照高职高专教育化工类专业人才的培养目标组织编写的,注重"实际、实践、实用"的原则,突出反映现代油品分析技术的发展,体现其创新性、实用性、综合性和先进性;完全与生产实际相符合,更能体现高职高专模块化的教学特色。

　　本教材由李文有、任小娜主持编写,其中李文有编写了学习情境一、学习情境二、学习情境三;任小娜编写了学习情境四、学习情境五、学习情境六;郭文婷编写了学习情境七。本教材在编写过程中得到许多人的帮助和指导,其中刘吉和、张禄梅帮助排版、校稿,许新兵对有关内容给予了精心指导,温永红、王淑琴、周莉、魏双虎等高级工程师给予了很大帮助,在此向他们致以衷心的感谢。

　　由于编者水平和时间有限,不妥之处在所难免。编者衷心希望专家、学者和教师批评与指正。

编者

2012 年 1 月

学习情境一　油品检验的预处理

工作任务一　石油产品试样的采集

[任务描述]

完成石油产品试样的采集。

[任务要求]

(1)掌握油品检验任务及其标准；

(2)掌握石油产品试样的采集方法。

[学习目标]

(1)掌握石油产品的概念；

(2)熟练识别石油产品采样工具。

[技能目标]

正确进行石油产品试样的采集。

[相关知识]

一、石油产品的概念

石油是一种黏稠的可燃性液体矿物油,颜色多为黑色、褐色或暗绿色,少数呈黄色。地下开采出来的未经加工的石油叫原油。石油产品是以石油或石油某一部分做原料,经过物理的、物理化学的或化学的加工过程生产出来的各种商品的总称。

(一)石油的元素组成

虽然世界上各国油田所产原油的性质千差万别,但它们的元素组成基本一致,主要由C、H两种元素组成,其中C含量一般为83.0%～87.0%,H含量一般为10.0%～14.0%;根据产地不同还含有少量的O、N、S和微量的Cl、I、P、As、Si、Na、K、Ca、Mg、Fe、Ni、V等元素。它们均以化合物形式存在于石油中。

(二)石油的化合物组成

1. 烃类化合物

烃类化合物(即碳氢化合物)是石油的主要成分。石油中的烃类数目庞大,至今尚无法确定。但通过大量研究发现,烷烃、环烷烃和芳香烃是构成石油烃类的主要成分,它们在石油中的分布变化较大。例如,含烷烃较多的原油称为石蜡基原油,含环烷烃较多的原油称为环烷基原油,而介于两者之间的石油称为中间基原油。烃的衍生物即非烃类有机物。这类化合物除含有C、H元素外,还含有O、N、S等元素,这些元素含量虽然很少(1%～5%),但它们形成化合物的量却很大,一般占石油总量的10%～15%,极少数原油中非烃类有机物含量甚至高达60%。

2. 无机物

除烃类及其衍生物外,石油中还含有少量无机物,主要是水及Na、Ca、Mg的氯化物、硫酸盐和碳酸盐以及少量泥污等。它们呈溶解、悬浮状态或以油包水型乳化液分散于石油中。

二、石油产品的分类

我国石油产品分类的主要依据是 GB/T 498—87《石油产品及润滑剂的总分类》。该标准按主要用途和特性将石油产品划分为六大类,即燃料(F)、溶剂和化工原料(S)、润滑剂及有关产品(L)、蜡(W)、沥青(B)、焦(C)等。其类别名称代号是按反映各类产品主要特征的英文名称的第一个字母确定的,见表1—1。

表1—1　按主要用途和特性将石油产品划分类别(GB/T 498—87)

类　别	各类别的含义
Fuels	燃料
Solvents and raw materials for the chemical industry	溶剂和化工原料
Lubricants,industrial oils and related products	润滑剂及有关产品
Waxes	蜡
Bitumen	沥青
Coke	焦

石油产品分类标准采用统一命名格式,产品整体名称以编码形式表示。其一般形式为

$$\boxed{类别}-\boxed{品种}\ \boxed{数字}$$

类别:石油产品和有关产品的类别用一个字母表示,该字母和其他符号用半字线"—"相隔。

品种:由一组英文字母组成,其首字母表示组别,后面所跟的字母单独存在时是否有含义,在有关组或品种的详细分类标准中都有明确规定。

数字:位于产品名称最后,其含义被规定在有关标准中。

六大类石油产品中的各类产品按国家标准规定又分不同的组别,可参考 GB/T 7631—89、GB/T 1262.1—90 等标准。

(一)燃料

燃料按馏分组成分为液化石油气、航空汽油、汽油、喷气燃料、煤油、柴油、重油、渣油和特种燃料九组。其主要成分为烃类化合物及少量非烃类有机物和添加剂等。

(二)润滑剂及有关产品

润滑剂是一类很重要的石油产品,包括润滑油和润滑脂。目前,我国润滑剂及有关产品(L)按应用场合划分为19类,见表1—2。

表1—2　润滑剂及有关产品(L)的分类(GB/T 7631.1—87)

组别	应用场合	组别	应用场合
A	全损耗系统	P	风动工具
B	脱模	Q	热传导
C	齿轮	R	暂时保护防腐蚀
D	压缩机	T	汽轮机
E	内燃机	U	热处理
F	主轴、轴承和离合器	X	用润滑脂的场合
G	导轨	Y	其他应用场合
H	液压系统	Z	蒸汽气缸
M	金属加工	S	特殊润滑剂应用场合
N	电器绝缘		

（三）蜡

蜡广泛存在于自然界中，在常温下大多为固体，按其来源可分为动物蜡、植物蜡和矿物蜡。石油蜡包括液蜡、石油脂、石蜡和微晶蜡，它们是具有广泛用途的一类石油产品。液蜡一般指 $C_9 \sim C_{19}$ 的正构烷烃，它在室温下呈液态。石油脂又称凡士林，通常是以残渣润滑油料脱蜡所得的蜡膏为原料，按照不同稠度的要求掺入不同量的润滑油，并经过精制后制成的一系列产品。石蜡又称晶形蜡，它是从减压馏分中经精制、脱蜡和脱油而得到的固态烃类，其烃类分子的碳原子数为 18～36，平均相对分子质量为 300～500。微晶蜡是从石油减压渣油中脱出的蜡，经脱油和精制而得，其分子的碳原子数为 36～60，平均相对分子质量为500～800。

（四）沥青

石油沥青是以减压渣油为主要原料制成的一类石油产品，它是黑色固态或半固态黏稠物质。石油沥青主要用于道路铺设和建筑工程上，也广泛用于水利工程、管道防腐、电器绝缘和油漆涂料等方面。

（五）焦

石油焦为黑色或暗灰色的固体石油产品，它是带有金属光泽、呈多孔性的无定形碳素材料。石油焦一般含碳 90%～97%，含氢 1.5%～8%，其余为少量的硫、氮、氧和金属。石油焦一般是减压渣油经延迟焦化而制得，广泛用于冶金、化工等部门，作为制造石墨电极或生产化工产品的原料。

（六）溶剂和化工原料

溶剂和化工原料一般是石油中低沸点馏分，即直馏馏分、铂重整抽余油及其他加工过程制得的产品，一般不含添加剂，主要用途是作为溶剂或化工原料生产化工产品。

三、油品检验任务

油品检验是指用统一规定或公认的试验方法，分析检验石油和石油产品的理化性质和使用性能的试验过程。

遵照"课程服务于技术，技术服务于职业"的人才培养规律，必须明确油品检验任务。油品检验有如下几项具体任务。

（一）检验油品质量

确保进入商品市场的油品满足质量要求，促进企业建立健全的质量保证体系。

（二）评定油品使用性能

对超期储存、失去标签或发生混串的油品进行评定，以便确定上述油品能否使用或提出处理意见。

（三）对油品质量进行仲裁

当油品生产与使用部门对油品质量发生争议时，可根据国际或国家统一制定的标准进行检验，确定油品的质量，做出仲裁，保证供需双方的合法利益。

（四）为制定加工方案提供基础数据

对用于石油炼制的油品进行检验，为制定生产方案提供可靠的数据。

（五）为控制工艺条件提供数据

对石油炼制过程进行控制分析，系统地检验各馏出口产品和中间产品质量，及时调整生产工序及操作，以保证产品质量和安全生产，为改进工艺条件、提高产品质量、增加经济效益提供依据。

四、油品检验标准

(一)石油产品质量标准

石油产品质量标准是以石油及其产品的技术要求和使用要求为主的主要指标制定的标准。石油产品质量标准包括产品分类、分组、命名、代号、品种(牌号)、规格、技术要求、检验方法、检验规则、产品包装、产品识别、运输、储存、交货和验收等内容。

我国主要执行中华人民共和国强制性标准(GB)、推荐性国家标准(GB/T)、石油和石油化工行业标准(SH)和企业标准,涉外的按约定执行。我国石油产品标准和石油产品试验方法标准的主管机关是中国石油化工股份有限公司石油化工科学研究院。

(二)石油产品分析的方法标准

石油产品分析的方法标准是在条件性试验的前提下选定的测试方法标准,包括适用范围、方法概要、使用仪器、材料、试剂、测定条件、试验步骤、结果计算、精密度等技术规定。根据标准的适应领域和有效范围分为以下五类。

1. 国际标准

国际标准指国际标准化组织(ISO)所制定的标准及其所公布的其他国际组织制定的标准。它是由共同利益国家合作与协商制定的,被大多数国家所承认的,具有先进水平的标准。

2. 地区标准

地区标准是指局限在由几个国家和地区组成的集团使用的标准,如欧盟标准(EN)。

3. 国家标准

国家标准是在全国范围内为统一技术要求而制定的标准,是由国家指定机关制定、颁布实施的法定性文件。国家标准号前都冠以不同字头。例如,中国用 GB 表示,美国用 ANSI、英国用 BSI、德国用 DIN、日本用 JIS、俄罗斯用 ГОСТ 等表示。

4. 行业标准

在无现行国家标准而又需要在全国行业范围内统一技术要求时,要制定行业标准。行业标准由国务院有关行政主管部门制定,并报国务院标准化行政部门备案,如中国石油化工股份有限公司标准用 SH。行业标准分为强制性标准和推荐性标准。

国外先进行业标准有美国材料与试验协会标准 ASTM、英国石油学会标准 IP 和美国石油学会标准 API。它们都是世界上著名的行业标准,是各国分析方法靠拢的目标。

5. 企业标准

企业标准是在没有相应的国家或行业标准时企业自身所制定的试验方法标准。企业标准须报当地政府标准化行政主管部门和有关行政主管部门备案。企业标准不得与国家标准或行业标准相抵触。为了提高产品质量,企业标准可以比国家标准或行业标准更为先进。

石油产品试验方法标准属技术标准中的方法标准。我国石油产品试验方法标准编号意义如下:编号的字母(汉语拼音)表示标准等级,带有 T 的为推荐性标准,无 T 的为强制性标准,中间数字为标准序号,末尾的两位或四位数字为审查批准年号,批准年号后面若有括号时,括号内数字为对该标准进行重新确认的年号。例如,GB 18351—2004 为中华人民共和国国家标准第 18351 号,2004 年批准;GB/T 7607—2002 为中华人民共和国国家推荐性标准第 7607 号,2002 年批准;GB/T 264—83(91)为中华人民共和国国家推荐性标准第 264号,1983 年批准,1991 年重新确认;SH/T 4508—1999 为中国石油化工股份有限公司推荐性标准第 4508 号,1999 年批准。

五、石油产品试样的采集

(一)常用术语

1. 用以测定平均性质的试样

1)上部样　在石油或液体石油产品的顶液面下其深度的 1/6 处所采取的试样称为上部样。

2)中部样　在石油或液体石油产品的顶液面下其深度的 1/2 处所采取的试样称为中部样。

3)下部样　在石油或液体石油产品的顶液面下其深度的 5/6 处所采取的试样称为下部样。

4)代表性试样　从油罐或其他容器中,或者从通过管线交付的一批石油或液体石油产品中所采取的试样,使用标准试验方法测定其特性,在实验室的重复性范围内,所采取试样的物理、物理化学特性要与被取样油品的体积平均特性相同。

5)组合样　按等比例合并若干个点样所获得的代表整个油品的试样称为组合样。组合样常见的类型是由按下述的任何一种情况合并试样而得到的:

(1)按等比例合并上部样、中部样和下部样;

(2)按等比例合并上部样、中部样和出口液面样;

(3)对于非均匀油品,在多于 3 个液面上采取的一系列点样,按其所代表的油品数量的比例掺和而成;

(4)从几个油罐或油船的几个油舱中采取的单个试样,以每个试样所代表的总数量成比例地掺和而成;

(5)按规定的时间间隔从管道内流动的油品中采取的一系列相等体积的点样。

6)间歇样　在泵送操作的整个期间内所取得的一系列试样合并而成的管线样称为间歇样。

2. 用以测定某一点性质的试样

1)点样　从油罐中规定位置采取的试样,或者在泵送操作期间按规定的时间间隔从管线中采取的试样称为点样,它只代表石油或液体石油产品本身的这段时间或局部的性质。

2)顶部样　在石油或液体石油产品的顶液面下 150 mm 处所采取的点样称为顶部样。

3)底部样　从油罐底部或者从管线中的最低点处的石油或液体石油产品中采取的点样称为底部样。

4)排放样　从排放活栓或排放阀门采取的试样称为排放样。

5)出口液面样　从油罐内能抽出石油或液体石油产品的最低液面处取得的点样称为出口液面样。

6)罐侧样　从适当的罐侧取样处采取的点样称为罐侧样。

7)表面样　从罐内顶液面处采取的点样称为表面样。

3. 试样容器

试样容器是用于贮存和运送试样的容器。

4. 试样收集器

试样收集器通常是一个连接到取样连接管或管线取样器的容器,用于收集试样。卸开时,可以作为一个试样容器使用。

5. 取样装置

取样装置是可携带的或固定的用于采取试样的设备。

6. 等流样

在石油或液体石油产品通过取样口的线速度与管线中的线速度相等,并与管线中整个流体流向取样器的方向一致时,从管线取样器采取的试样称为等流样。

7. 流量比例样

在输送石油或液体石油产品期间,在其通过取样器的流速与管线中的流速成比例的任一瞬间从管线中采取的试样称为流量比例样。

8. 时间比例样

在输送石油或液体石油产品期间,定期从管线中采取的多个相等点样合并而成的试样称为时间比例样。

(二)采样工具

石油产品种类很多,按照样品类别的不同,应使用不同的采样工具正确地采集石油产品试样。

1. 液态石油产品的采样工具

1)液体取样器(见图1—1)及带测深锤的金属卷尺　适用于在油罐、油槽车、油船中采取组合样或点样。其中取样器是一个底部加重(一般是灌铅)并设有开启器盖的金属容器,或是一个安装在加重金属框内的玻璃瓶,瓶口用系有绳索的瓶塞塞紧,见图1—2。

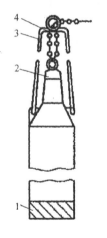

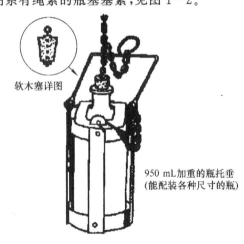

图1—1　液体取样器　　　　　　　　　　　图1—2　取样笼

1—外部铅;2—锥形帽;3—锤铜丝手柄;4—提取链

2)底部取样器　底部取样器(见图1—3)是一种能够采取距油罐底部 3～5 cm 处试样的取样器。

3)沉淀物取样器　沉淀物取样器(见图1—4)是用以采取液态石油产品中残渣或沉淀物的取样器。这种取样器是一个带有抓取装置的坚固的黄铜盒,其底是两个由弹簧关闭的夹片组,取样器机构由吊缆放松。

4)直径为 10～15 mm 的长玻璃、金属或塑料管子　适用于小容器(如桶、听、瓶子或公路罐车)中液体石油产品的采样。

5)500～1 000 mL 的小口试剂瓶　适用于装有旁通阀门的管线中石油或液体石油产品的采样。

6)管道取样装置(见图1-5) 适用于输油管线中输送的石油或液体石油产品的采样。

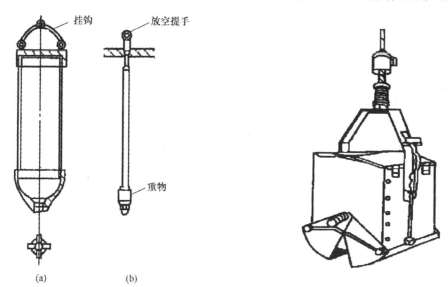

图1-3 底部取样器
(a)外壳 (b)内芯

图1-4 沉淀物取样器

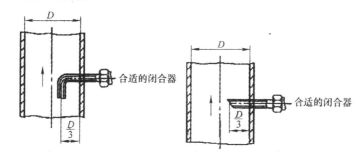

图1-5 典型的管道取样装置

2.固体及半固体石油产品的采样工具

1)螺旋形钻孔器或活塞式穿孔器 适用于膏状或粉状石油产品的采样。

2)不锈钢或镀铬刀子 适用于可熔性固体石油产品的采样。

3)铲子 适用于不能熔化的石油产品,如石油焦等的采样。

3.气体石油产品的采样工具

1)橡皮球胆 适用于处于正压状态、无腐蚀性气体的采样。

2)带有抽气装置的大容量集气瓶 适用于处于常压或负压状态下气体的采样。

3)连接流量计和抽气装置并盛有吸收液的吸收瓶 适用于可被吸收液吸收的气体,如硫化氢、氨气等的采样。

(三)采样方法

1.油罐采样

1)立式油罐采样 最常用的是组合样。当从单个立式油罐中采取用于检验油品质量的组合样时,按等比例合并上部样、中部样和出口液面样。当从单个油罐中采取用于计算油品数量的组合样时,按等比例合并上部样、中部样和下部样。

2)罐侧采样　取样阀应装到油罐的侧壁上,与其连接的取样管至少伸进罐内 150 mm。下部取样管应安装在出口管的底液面上。当罐内油品液面低于上部取样管时,油罐取样方法如下:如果油品液面靠近上部取样管,从中部取样管采取 2/3 样品,从下部取样管采取1/3 样品;如果油品液面靠近中部取样管,从中部取样管采取 1/2 样品,从下部取样管采取 1/2 样品;如果油品液面低于中部取样管,从下部取样管采取全部样品。

3)卧式油罐采样　在油罐容积不大于 60 m³,或油罐容积大于 60 m³ 而油品深度不超过 2 m 时,可在油品深度的 1/2 处采取一份试样,作为代表性试样。如果油罐容积大于 60 m³ 且油品深度超过 2 m,应在油品体积的 1/6、1/2 和 5/6 液面处各采取一份试样,混合后作为代表性试样。

4)底部采样　降落底部取样器,将其直立地停在油罐底上。提出取样器之后,如果需要将其内含物转移至样品容器,要注意正确地转移全部样品,其中包括黏附到取样器内壁上的水和固体等。

2. 油罐车采样

在油罐车内进行采样时,应把取样器降到罐内油品深度的1/2处。以急速动作拉动绳子,打开取样器的塞子,待取样器内充满油后,提出取样器。对于整列装有相同石油或液体石油产品的油罐车,应按表1-3、表1-4所示的取样车数进行随机取样,但必须包括首车。

表1-3　盛装石油产品的油罐车、小容器、油船船舱的最小取样数

盛油的容器数	取样的容器数	盛油的容器数	取样的容器数
1～3	全部	217～343	7
4～64	4	344～512	8
65～125	5	513～729	9
126～216	6	730～1 000	10

表1-4　盛装原油的油罐车、油船船舱的最小取样数

盛油的容器数	取样的容器数
1～2	全部
3～6	2
7及以上	3

3. 桶或听采样

取样前,将桶口或听口向上放置。当需要测定水或其他不溶污染物时,让桶或听保持此位置足够长的时间,以使污染物沉淀下来。打开盖子,把盖子湿侧朝上放在塞孔旁边。如果使用的取样管是由玻璃、金属或塑料制成的,则可用拇指按住清洁干燥的取样管的上端口,把管子插进油品中约 300 mm 深,移去拇指,让油品移动,使油品能接触取样时被浸入的管子内表面部分,用这样的方法来冲洗管子。在取样操作期间,要避免抚摸管已浸入油品的部分,放掉并排净管内的冲洗油品。将按上述方法准备好的取样管上端口放开,插入油品中。插入的速度应使管内液面同管外液面大致相同,这样可取得油品全深度的试样。用拇指按住上端口,迅速提出管子,把油品转入试样容器中,此为组合样。桶装或听装的石油产品按表1-3、表1-4 的规定进行随机取样。

4. 油船采样

在油船上采样时,每舱都要取上部样、中部样和下部样三个试样,并以相等的体积掺和

成该舱的组合样。对于装载相同油品的油船,应按表1—3和表1—4所示的舱数进行随机取样。

5. 管线采样

管线样分为流量比例样和时间比例样两种。推荐使用流量比例样,因为它和管线内的流量成比例。取样前,应放出一些要取样的油品,把全部取样设备冲洗干净,然后把试样收集在试样容器内。采取高倾点试样时,要注意线路保温,防止油品凝固。采取挥发性试样时,要防止轻组分损失。对于输油管线中输送的石油或液体石油产品,应按表1—5的规定从取样口采取流量比例样,而且要把所采取的样品以相等的体积掺和成一份组合样。

表1—5 管线流量比例样取样规定

输油数量/m³	取样规定
≤1 000	在输油开始时(指管内油品流到取样口时)和结束时(停止输油前10 min)各一次
1 000～10 000	在输油开始时1次,以后每隔1 000 m³取样1次
>10 000	在输油开始时1次,以后每隔2 000 m³取样1次

对于时间比例样,可按照表1—6的规定从取样口采取样品,要注意把所采取的样品以相等的体积掺和成一份组合样。

表1—6 管线时间比例样取样规定

输油时间/h	取样规定
≤1	在输油开始时和结束时各1次
1～2	在输油开始时、中间和结束时各1次
2～24	在输油开始时1次,以后每隔1 h取样1次
>24	在输油开始时1次,以后每隔2 h取样1次

六、采样注意事项

采取石油产品试样的注意事项在检验标准中都有具体的规定,只有熟知这些规定并正确着装的人员才能进行采样操作。根据石油产品的状态不同,采样时还应特别注意以下几点。

(一)采取液体石油产品

1)采样器材质 不能与试样发生反应;采取低闪点的试样时,不允许使用铁制采样器。同时,采样器应分类使用和存放。

2)高温及挥发性试样 采取高温试样时,应做好防烫伤的准备工作;采取挥发性试样时,应站在上风口,避免中毒。

3)易燃易爆试样 采取具有可燃烃蒸气或低闪点的试样时,应做好防静电准备工作。

4)防止带水 如罐底有水垫,需了解水层高度,以避免采底部样时带水。

5)试样高度 所采试样不宜装满试样容器,应留出至少10%的无油空间。

(二)采取固体石油产品

1)采样用具 采样用具、样品瓶等必须清洁干净,应用被取的产品冲洗至少一次,以避免沾污试样。

2)试样的代表性 取样必须注意其代表性,并按规定采够数量,采取的试样需混匀后,才能进行分析试样的制备工作。

3)试样容器应贴上标签　标签记号应是永久的,并应在一个专用的记录本上作取样的详细记录。

（三）采取气体石油产品

1)防止泄漏　应仔细检查,防止容器或管线内气体外泄。

2)防爆　防止产生火花引燃致爆,灯和手电筒应是防爆型的。

3)防止中毒或窒息　在敞口容器或塔体内采样时应防止中毒或窒息,应二人结伴进行。

工作任务二　油品检验结果的报告

[任务描述]

完成石油产品试样的检验结果的报告。

[任务要求]

(1)掌握石油产品精密度的计算;

(2)掌握石油产品重复性的计算。

[学习目标]

(1)掌握石油产品再现性分析;

(2)熟练掌握石油产品检验结果报告的书写。

[技能目标]

正确进行石油产品检验结果处理和分析。

[相关知识]

一、精密度

用同一试验方法对同一试样测定所得两个或多个结果的一致性程度,称为精密度。通常油品检验的精密度用重复性和再现性表示。

（一）重复性(r）

重复性是指在相同的试验条件(同一操作者、同一仪器、同一实验室)下,在短时间间隔内,按同一方法对同一试样进行正确和正常操作所得独立结果在规定置信水平(95%置信度)下的允许差值。即在重复条件下,取得的两个结果之差小于或等于r时,则认为结果合格;否则,大于r时,则两个结果都应认为可疑。

（二）再现性(R）

再现性是指在不同试验条件(不同操作者、不同仪器、不同实验室)下,按同一方法对同一试样进行正确和正常操作所得独立结果在规定置信水平(95%置信度)下的允许差值。当两个实验室得到的结果,其差值小于或等于R时,则认为这两个结果是可接受的,可取这两个结果的平均值作为测定结果;否则,两者均可疑。

二、检验结果报告

（一）检验结果处理

1. 重复性分析

分析油品检验时,必须按要求对检验结果重复性进行分析,以判断其可靠性。当两次检验结果之差小于或等于95%置信水平下的r值时,则认为两个结果均可靠,数据有效,可将其平均值作为检验结果。若两次检验结果之差大于 95％置信水平下的 r 值，则两个结果都可疑。此时，至少要取得三个以上结果（包括最先两个结果），然后计算最分散结果和其余结果的平均值之差，将其差值与方法要求的 r 值作比较：若差值小于或等于 r 值，则认为其结果有效，取它们的平均值作为检验结果；反之，则舍弃最分散的数据，再重复上述方法，直至得到一组可接受的结果为止。但是，在 20 个以下的结果中，当舍弃两个或更多结果时，就应检查操作方法和仪器的工作情况。

例如，在沥青软化点检验中，采用 GB/T 4507—1999 标准方法，其重复性要求为同一操作者，对同一试样重复检验的两个结果之差不大于 1.2 ℃。如果两次检验结果分别为 116.8 ℃和 115.7 ℃，则其差值为：116.8 ℃－115.7 ℃＝1.1 ℃＜1.2 ℃，可见这两次检验结果均符合重复性要求，则其检验结果应为(116.8 ℃＋115.7 ℃)/2＝116.25 ℃。

2. 再现性分析

两个实验室得到的结果，其差值小于或等于 R 时，则认为这两个结果是可接受的，可取这两个结果的平均值作为测定结果；若其差值大于 R，两个结果均可疑，则需两个实验室至少得到三个可接受的结果，然后计算两个实验室所有可接受结果的平均值之差，再用 R' 代替 R 判断再现性。

$$R' = \sqrt{R^2 - \left(1 - \frac{1}{2K_1} - \frac{1}{2K_2}\right)r^2}$$

式中：K_1——第一个实验室的结果数值；

K_2——第二个实验室的结果数值。

(二)检验结果报告

及时、准确反馈检验结果，可为油品的生产、储存和使用提供正确判断的依据。这就需要填写规范的检验结果报告单。紧急情况下，可先用电话报告检验结果后送书面报告。检验结果报告单一般以图表或文字形式填写，要求清楚、完善、准确，不得涂改或臆造数据。

检验结果报告单通常包括检验项目、试样名称、试样编号、采样地点、采样时间、执行标准、实验室温度、大气压、检验次数、仪器型号、完成检验时间、检验结果、检验人员、检查者签字、技术负责人签字、实验室所在单位盖章等。

[知识和技能考查]

1. 名词解释

(1)油品　　(2)油品检验　　(3)国际标准　　(4)国家标准　　(5)油品试样

(6)组合样　　(7)精密度　　(8)重复性

2. 判断题(正确的画"√"，错误的画"×")

(1) GB/T 7607－2002 为中华人民共和国国家推荐性标准第 7607 号，2002 年批准。

(　　)

(2)我国石油产品国家标准是由国务院标准化行政主管部门指派中国石油化工股份有限公司石油化工科学研究院组织制定的，目前由中华人民共和国国家质量监督检验检疫总局和国家标准化管理委员会联合发布实施。　　　　　　　　　　　　　　(　　)

(3)从一定数量整批物料中采取少量试样的过程称为采样。　　　　　　　　(　　)

(4) 在相同的试验条件下(同一操作者、同一仪器、同一实验室)，在短时间间隔内，按同一方法对同一试样进行正确和正常操作所得独立结果在规定置信水平(95％置信度)下的允许差值称为再现性。   （   ）

(5)当两次检验结果之差小于或等于95％置信水平下的 r 值时,则认为两个结果均可靠,数据有效,可将其平均值作为检验结果。   （   ）

(6)检验结果报告单通常不包括采样地点和采样时间。   （   ）

3. 填空题

(1)组成石油的元素主要是_____、_____、_____、_____、_____。非烃元素含量虽少,但对_____影响很大,在油品生产中应尽量_____除去。

(2)根据 GB/T 498－87《石油产品及润滑剂的总分类》,按石油产品的主要用途和特性将石油产品划分为_____大类。各类的符号和含义分别是_____、_____、_____、_____、_____。

(3)发动机燃料包括_____、_____和_____。

(4)润滑剂包括_____和_____。

(5)石油蜡是由_____脱蜡得到的蜡膏,经进一步脱油和精制而得到的成品。包括_____、_____、_____、_____等五个系列。

(6)石油沥青是以_____为主要原料制成的一类石油产品,它是黑色固态或半固态黏稠物质。石油沥青分为_____、_____、_____、_____四个系列。

(7)我国采用国际标准或国外先进标准的方式通常有_____、_____和_____。

(8)从油罐中规定位置采取的试样,或者在泵送操作期间按规定的时间间隔从管线中取得的试样,称为_____。

4. 选择题(请将正确答案的序号填在括号内)

(1)下列石油馏分中,不属于轻质油的是(   )。

A. 汽油   B. 润滑油   C. 轻柴油   D. 喷气燃料

(2)石油产品分类名称 L－HV32 中英文字母 H 的含义是(   )。

A. 润滑剂   B. 低温抗磨   C. 液压系统用油   D. 黏度等级

(3)在石油或液体石油产品的顶液面下其深度的 1/6 处所采取的试样称为(   )。

A. 撇取样   B. 顶部样   C. 中部样   D. 上部样

(4)下列国外先进标准中,表示美国材料与试验协会标准的是(   )。

A. ASTM   B. IP   C. ISO   D. API

(5)下列采样器中适合采取下部样的是(   )。

A. 底部取样器   B. 沉淀物取样器   C. 全层取样器   D. 加重采样器

学习情境二　汽油检验

工作任务一　车用无铅汽油馏程测定

[任务描述]

完成车用无铅汽油馏程测定。

[学习目标]

(1)掌握各种石油产品馏程测定的方法；

(2)熟练掌握车用无铅汽油馏程测定的操作方法。

[技能目标]

正确进行车用无铅汽油馏程测定。

[所需仪器]

(1)石油产品馏程测定器(见图 2—1),符合 SH/T 514《石油新产品馏程测定装置技术条件》的各项规定。

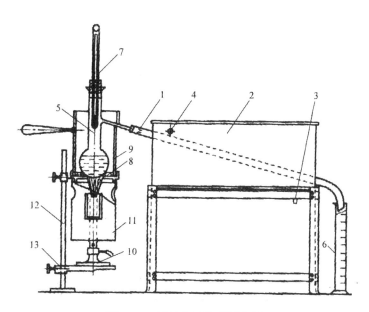

图 2—1　石油产品馏程测定器

1—冷凝管；2—冷凝器；3—进水支管；4—排水支管；5—蒸馏烧瓶；6—量筒；7—温度计；8—石棉垫；
9—上罩；10—喷灯；11—下罩；12—支架；13—托架

(2)秒表。

(3)喷灯或带自耦变压器的电炉。

(4)温度计,符合 GB/T 514《石油产品试验用液体温度计技术条件》。

[相关知识]

一、汽油种类及牌号

(一)汽油种类

通常,将沸点范围为 30～205 ℃,可以含有适当添加剂的精制石油馏分称为汽油;根据组成和用途不同,我国汽油主要分为车用无铅汽油、车用乙醇汽油和航空汽油三种。

汽油主要用于汽化器式发动机或称点燃式发动机(简称汽油机),是汽车、摩托车、快艇、小型发电机和螺旋桨式飞机(如农林用飞机)等的燃料。

(二)汽油牌号

车用无铅汽油和车用乙醇汽油均按研究法辛烷值划分牌号。前者有 90 号、93 号和 95 号三个牌号,除有上述三个牌号外,后者还新增加了 97 号。按国家标准规定,销售符合国家标准的汽油加油机泵及容器都应标明下列标志:无铅 90 号汽油、无铅 93 号汽油、无铅 95 号汽油或 E10 乙醇汽油 90 号、E10 乙醇汽油 93 号、E10 乙醇汽油 95 号或 E10 乙醇汽油 97 号。为节省能源,降低汽油进口量,促进粮食转化,我国正积极推行车用乙醇汽油的使用,目前已在多个省市实施封闭使用试点,效果很好。

航空汽油按马达法辛烷值[①]分为 75 号和 95 号两种,其代号分别为 RH－75、RH－95/130,其中 130 表示品度值[①]。95 号航空汽油用于有增压器的大型活塞式航空发动机,75 号航空汽油用于无增压器的小型活塞式航空发动机。由于不再发展活塞式航空发动机,因而航空汽油的产量逐年下降,目前只占国产汽油的一小部分。

二、汽油规格

(一)汽油规格标准

目前,我国车用汽油的有效标准只有 GB 17930—1999《车用无铅汽油》和 GB 18351—2004《车用乙醇汽油》两个。为迅速实现车用汽油向高清洁、环保型转变,原 SH 0112—92《汽油》、SH 0041—93《无铅车用汽油》、GB 484—93《车用汽油》、GB 18351—2001《车用乙醇汽油》标准均已被废止。

航空汽油执行标准为 GB 1787—79(88)《航空汽油》。

(二)汽油技术要求

车用无铅汽油和航空汽油的技术要求见表 2－1,车用无铅汽油中不允许添加抗爆添加剂乙基液(由四乙基铅与导出剂溴乙烷组成)。同时,2004 年 4 月由国家标准化管理委员会批准的对 GB 17930—1999《车用无铅汽油》技术要求的修改中规定,不得人为加入甲醇。车用无铅汽油中的甲醇检出限量为甲醇质量分数不大于 0.1%,这是因为甲醇是一种剧毒化工产品,是典型的神经毒物,可经呼吸道、胃肠道和皮肤接触吸收,具有显著的麻醉作用。人体中毒量仅为 5～15 mg,致命剂量为 30 mg。同时,甲醇中含有的甲酸(一种强腐蚀性有机酸),具有较强的腐蚀性,对一般材质的汽车发动机部件和排气系统产生腐蚀作用,目前尚无有效的解决办法。车用无铅汽油中人为添加甲醇后,会使发动机燃烧排放物中甲醛的排放量大幅度上升,而甲醛是一种较强致癌物质,会对大气环境和人体健康造成很大危害。修改后的新标准自 2004 年 9 月 1 日起实施。

---

① 马达法辛烷值表示飞机在巡航时,即发动机在贫混合气(过剩空气系数为 0.8～1.0)下工作时,航空汽油的抗爆性;品度值表示飞机在起飞和爬高时,即发动机在富混合气(过剩空气系数为 0.5～0.65)下工作时,航空汽油的抗爆性。

车用乙醇汽油是在不添加含氧化合物的液体烃类中加入一定量的变性燃料乙醇后用做点燃式发动机的燃料,加入乙醇的体积分数为 10.0％,称为 E10。其技术要求与车用无铅汽油基本相同,只是增加了三项质量指标:乙醇体积分数,(10.0±2.0)％;水分质量分数,不大于 0.2％;其他含氧化合物体积分数,不大于 0.1％。车用乙醇汽油不允许添加含氧化合物,所谓含氧化合物是指允许作为助溶剂而加入的高级醇。

表 2-1　航空汽油和车用无铅汽油的技术要求

项　目		航空汽油 [GB/T 1787—79(88)]			车用无铅汽油 (GB 17930—1999)			试验方法
		RH-75	RH-95/130	90 号	93 号	95 号	
抗爆性							
马达法辛烷值(MON)	不小于	75	95	—	—	—	GB/T 503
研究法辛烷值(RON)	不小于	—	—	90	93	95	GB/T 5487
抗爆指数[(MON＋RON)/2]	不小于	—	—	85	88	90	GB/T 503
品度值	不小于	—	130	—	—	—	GB/T 0506
铅含量①/(g/kg)	不大于	—	3.3	0.005	0.005	0.005	GB/T 8020
净热值/(MJ/kg)	不小于		43.1				GB/T 384
馏程							
初馏点/℃	不低于	40	40	—	—	—	
10％馏出温度②/℃	不高于	80	80	70	70	70	
50％馏出温度②/℃	不高于	105	105	120	120	120	
90％馏出温度②/℃	不高于	145	145	190	190	190	GB/T 256 GB/T 2536
97.5％馏出温度②/℃	不高于	180	180	—	—	—	
终馏点/℃	不高于	—	—	205	205	205	
残留量及损失量/％	不大于	2.5	2.5				
残留量/％	不大于	1.5	1.5	2	2	2	
蒸气压/kPa		27～48	27～48	—	—	—	
从 9 月 16 日至 3 月 15 日	不大于	—	—	88	88	88	GB/T 257 GB/T 8017
从 3 月 16 日至 9 月 15 日	不大于	—	—	74	74	74	
实际胶质③/(mg/100mL)	不大于	3	3	5	5	5	GB/T 509 GB/T 8019
诱导期④/min	不大于	—	—	480	480	480	GB/T 256 GB/T 8018
硫含量⑤/％	不大于	0.05	0.05	0.08	0.08	0.08	GB/T 380
硫醇(需要满足下列要求之一)							
博士试验		—	—	通过	通过	通过	SH/T 0174
硫醇性硫含量/％	不大于	—	—	0.001	0.001	0.001	GB/T 1792

15

项　目		试验方法					
		航空汽油〔GB/T 1787—79(88)〕			车用无铅汽油(GB 17930—1999)		
		RH－75	RH－95/130	90 号	93 号	95 号	
结晶点/℃	不高于	－60	－60	—	—	—	SH/T 0179
酸度⑥/(mg KOH/100 mL)	不大于	1	1	—	—	—	GB/T 258
碘值⑥/(g I₂/100 g)	不大于	12	12	—	—	—	SH/T 0234
铜片腐蚀(50 ℃,3 h)/级	不大于	1	1	1	1	1	GB/T 5096
水溶性酸或碱		无	无	无	无	无	GB/T 259
机械杂质及水分		无	无	无	无	无	目测⑦
苯含量/%	不大于	—	—	2.5	2.5	2.5	ASTM D 3606—1996
芳烃含量/%	不大于	—	—	40	40	40	GB/T 11132
烯烃含量/%	不大于	—	—	35	35	35	GB/T 11132
颜色		水白	同染色剂	—	—	—	目测

注:①标准规定航空汽油的铅含量为抗爆添加剂四乙基铅的含量。而《车用无铅汽油》(GB 17930—1999)标准中虽然规定了铅含量最大限值,但不允许故意加铅,为了便于与加铅汽油区分,车用无铅汽油不添加着色染料。

②车用无铅汽油馏程各点温度用蒸发温度表示。

③航空汽油的实际胶质应在加抗爆添加剂乙基液之前测定。车用无铅汽油的实际胶质允许用 GB/T 509 方法测定,但仲裁试验必须以 GB/T 8019 方法测定为准。另外,为改善城市大气环境,有效减少汽车尾气排放,一些销售的车用无铅汽油中加入了汽油清净剂,这种汽油的实际胶质应按 GB/T 8019 方法测定。

④诱导期允许用 GB/T 256 方法测定,仲裁试验以 GB/T 8018 方法测定为准。

⑤车用无铅汽油的硫含量允许用 GB/T 17040 方法测定,但仲裁试验以 GB/T 380 方法测定为准。

⑥航空汽油的碘值和酸度应在汽油加抗爆添加剂乙基液之前测定。

⑦将试样注入 100 mL 玻璃量筒中观察,应当透明,没有悬浮和沉降的机械杂质和水分。当有异议时,以 GB/T 511 和 GB/T 260 方法测定结果为准。

注意:(1)不得人为加入甲醇,车用无铅汽油中的甲醇检出限量为甲醇质量分数不大于 0.1%。如加入其他有机含氧化合物,其氧质量分数不得大于 2.7%,试验方法均采用 SH/T 0663。

(2)锰检出量不大于 0.018 g/L,试验方法采用 ASTM D3831《汽油中锰含量测定法(原子吸收光谱法)》。

(3)不得人为加入铁,考虑到在炼油过程和运输、储存产品时铁的污染,其检出量不大于 0.01 g/L,采用原子吸收光谱法检验,含锰汽油在储存、运输和取样时应避光。

(4)从 2000 年 7 月 1 日起,在北京、上海和广州销售的车用无铅汽油中应加入汽油清净剂。

三、馏程的测定

(一)基本概念

(1)馏程是指油品在规定的条件下蒸馏,从初馏点到终馏点这一温度范围。

(2)馏分是指在某一温度范围内蒸出的馏出物。如汽油馏分、煤油馏分、柴油馏分及润滑油馏分等。温度范围窄的馏分称为窄馏分,温度范围宽的馏分称为宽馏分。

(3)初馏点是指油品(100 mL 试样)在规定的条件下进行馏程的测定中,当冷凝管流出第一滴冷凝液时的气相温度,其单位以℃表示。

(4)终馏点是指油品在规定的条件下进行馏程的测定中,蒸馏过程中的最高气相温度,其单位以℃表示。

(5)干点是指蒸馏烧瓶底部最后一滴液体汽化的瞬间所测得的气相温度,其单位以℃表示。

(6)馏出温度是指油品在规定的条件下进行馏程的测定中,量筒内回收的冷凝液达到某一规定体积(mL)时所同时观察的温度,其单位以℃表示。

(7)50%馏出温度是指油品在规定的条件下进行馏程的测定中,当馏出物体积为装入试样的50%时蒸馏瓶内的气相温度,其单位以℃表示。

(8)回收百分数是指油品在规定的条件下进行馏程的测定中,观察到的最大回收体积占所加入试样体积的百分数。

(9)总回收百分数指油品在规定的条件下进行馏程的测定中,所得烧瓶里残留物百分数和回收百分数之和。

(10)残留物百分数指油品在规定的条件下进行馏程的测定中,用总回收百分数减去回收百分数之差,或者直接测定的残留物体积(mL)占所加入试样体积的百分数。

(11)损失百分数指油品在规定的条件下进行馏程的测定中,用100%减去总回收百分数之差。

油品的馏分范围因所用蒸馏设备的不同,测定的结果也有差异。在石油产品质量控制、工艺计算及原油的初步评价中,普遍使用简单的恩氏蒸馏设备测定油品馏程。

（二）测定馏程的意义

(1)馏程是判断石油馏分组成和建厂设计的基础数据。在决定一种原油的加工方案时,首先应了解原油中所含轻、重馏分的相对含量,还要对馏分性质进行详细的分析,来判断原油适宜的加工方案。

(2)馏程是装置生产操作控制的依据。生产操作条件的调控是以馏程数据为基础的,例如,根据汽油馏程可以确定塔顶的操作温度。如果汽油干点高于指标,说明塔顶温度高或塔内压力低,塔顶回流量大或原油带水多,吹汽量大。一般可通过调控操作条件等控制产品干点合格。

(3)根据馏程可以评定汽油发动机燃料的蒸发性,判断其使用性能。

(4)评定车用柴油的蒸发性。车用柴油的馏程是保证其在发动机燃烧室内迅速蒸发和燃烧的重要指标。表2-2列出了车用柴油50%馏出温度与启动性能之间的关系。

表2-2 车用柴油50%馏出温度与启动性能之间的关系

车用柴油50%馏出温度/℃	发动机启动时间/s	车用柴油50%馏出温度/℃	发动机启动时间/s
200	8	275	60
225	10	285	90
250	27		

四、馏程测定方法概述

测定汽油、喷气燃料、溶剂油、煤油和车用柴油等轻质石油产品的馏分组成可按照GB/T 255—77(88)《石油产品馏程测定法》(恩氏蒸馏)和GB/T 6536—97《石油产品蒸馏测定法》标准方法进行,该两种标准试验方法适用于测定发动机燃料、溶剂油和轻质石油产品的馏分组成。

恩氏蒸馏测定时,将100 mL试样在规定的试验条件下,按产品性质不同,控制不同的蒸馏操作升温速度。GB/T 255—77(88)规定:蒸馏汽油时,从开始加热到初馏点的时间为5~10 min;航空汽油,7~8 min;喷气燃料、煤油、车用柴油,10~15 min;重质燃料油或其他重质油料,10~20 min。馏出速度应保持在4~5 mL/min(每10 s 20~25滴)。当总馏出量达90 mL时,需调整加热速度,使3~5 min内达到干点,否则会影响干点测定的准确性。

蒸馏过程中,气相温度逐渐升高,当馏出物体积分数为装入试样的10%、50%、90%时,蒸馏瓶内的气相温度分别称为10%、50%、90%馏出温度。生产实际中常将整套数据称为馏程,它是轻质燃料油的质量指标。石油产品馏程测定是间歇式的简单蒸馏,这种蒸馏没有精馏作用,馏分组成数据仅供粗略地判断油品的轻重及使用性质。

[工作任务详述]

一、方法概要

对 100 mL 试样在规定的仪器(见图 2—1)试验条件下,按新产品性质的要求进行蒸馏,系统地观察温度计读数和冷凝液体积,然后从这些数据算出测定结果。本方法适用于测定发动机燃料、溶剂油和轻质石油新产品的馏分组成(中华人民共和国国家标准 GB/T 255—77)。

二、准备工作

(1)试样中有水时,试验前应进行脱水。

(2)在蒸馏前,冷凝器 2 的冷凝管 1 要用缠在铜丝或铝丝上的软布擦拭内壁,除去上次蒸馏剩下的液体。

(3)在蒸馏汽油时,冷凝器 2 的进水支管 3 要套上带夹子的橡皮管,然后用冰块或雪装满水槽,再注入冷水浸过冷凝管。蒸馏时水槽中的温度必须保持在 0~5 ℃。缺乏冰块或雪时,验收可以按本方法(4)条用冰水代替。仲裁试验时,必须使用冰块或雪。

(4)蒸馏溶剂油、喷气燃料、煤油及其他石油产品时,冷凝器 2 的进水和排水支管都要套上橡皮管,让冷水经过进水支管 3 流入水槽,再经排水支管 4 流走,流出水的温度要调节到不高于 30 ℃。在蒸馏含蜡液体燃料(凝点高于-7 ℃)的过程中,控制水温在 50~70 ℃之间。

(5)蒸馏烧瓶 5 可以用轻质汽油洗涤,再用空气吹干。必要时,用铬酸洗液或碱洗液除去蒸馏烧瓶中的积炭。

(6)用清洁、干燥的 100 mL 量筒 6,量取试样 10 mL 注入蒸馏烧瓶中,不要使液体流入蒸馏烧瓶的支管内。量筒中的试样体积是按凹液面的下边缘计算的,观察时眼睛要保持与液面在同一水平上。注入蒸馏烧瓶时试样的温度应为(20±3) ℃。在测定含蜡液体燃料时,可适当提高试样温度,使其在流动状态下量取。如遇争执,量取试样的温度应与接收温度一致。

(7)用插好温度计 7 的软木塞,紧密地塞在盛有试样的蒸馏瓶口内,使温度计和蒸馏烧瓶的轴心线互相重合,并且使水银球的上边缘与支管焊接处的下边缘在同一平面。

(8)装有汽油、溶剂或轻柴油的蒸馏烧瓶,要安装在符合 GB 515 图 7 中乙规定的石棉垫上;装有重柴油或其他重质油料的蒸馏烧瓶,要安装在符合 GB 515 图 7 中丙规定的石棉垫上。

蒸馏烧瓶 5 的支管要用紧密的软木塞与冷凝管 1 的上端相连接,支管插入冷凝管内的长度要达到 25~40 mm,但不能与冷凝管内壁接触。

在软木塞的连接处涂上火棉胶之后,将上罩 9 放在石棉垫上,把蒸馏烧瓶罩住。蒸馏汽油时,加热器和下罩的温度都不应高于室温。

(9)量取过试样的量筒不需经过干燥,即可放在冷凝管下面,并使冷凝管下端插入量筒中(暂时互相不接触)不得少于 25 mm,也不得低于 100 mL 的标线。量筒的口部要用棉花塞好,方可进行蒸馏。

蒸馏汽油时,量筒要浸在装水的高型杯中,烧杯中的液面要高出量筒的 100 mL 标线,量筒的底部要压有金属物,使量筒不能浮起,在蒸馏过程中,高型杯中的水温应保持在(20±3) ℃。

三、试验步骤

(1)装好仪器之后,先记录大气压力,然后开始对蒸馏瓶均匀加热。蒸馏汽油或溶剂油时,从加热开始到冷凝管下端第一滴馏出液所经过的时间为 5~10 min;蒸馏航空汽油时,为 7~8 min；蒸馏喷气燃料、煤油、轻柴油时，为 10~15 min；蒸馏重质燃料油或其他重质油料时，为 10~20 min。

(2)当第一滴馏出液从冷凝管滴入量筒时，记录此时的温度作为初馏点。

(3)蒸馏达到初馏点之后，移动量筒，使其内壁接触冷凝管末端，让馏出液沿着量筒内壁流下。此后，蒸馏速度要均匀，每分钟 4~5 mL。

(4)在蒸馏过程中要记录试样的技术标准所要求的事项。例如：

①如果试样的技术标准要求馏出百分数(如 10%、50%、90%)的温度，那么当量筒中馏出液的体积达到技术标准所指定的百分数时，就应立即记录馏出温度。试验结束时，对温度计的误差，应根据温度计检定证上的修正数进行修正；对馏出温度受大气压力的影响，应进行修正。

②如果试样的技术标准要求在某温度(例如 100 ℃、200 ℃、250 ℃、270 ℃)的馏出百分数，那么当蒸馏温度达到相当于技术标准所指定的温度时，就应立即记录量筒中的馏出液体积。在这种情况下，对温度计的误差，预先根据温度计检定证上的修正数进行修正；对馏出温度受大气压力的影响，也应预先根据"三、试验步骤"中(12)条进行修正。

例如：蒸馏灯用煤油时，大气压力为 96.7 kPa(725 mmHg)，而温度计在 270 ℃ 的修正值为 +1 ℃，即以 269 ℃ 代替 270 ℃。在这种情况下，当温度计读数达到(270 −1)−0.065×(101.3−96.7)×7.5=267 ℃，或者 (270−1)−0.065×(760−725)=267 ℃时，就记录量筒中馏出液的体积。

(5)在蒸馏汽油或溶剂油的过程中，当量筒中的馏出液达到 90 mL 时，允许对加热强度作最后一次调整，要求在 3~5 min 达到干点。如要求终点而不要求干点时，应在 2~4 min 内达到终点。

在蒸馏喷气燃料、煤油或轻柴油的过程中，当量筒中的液面达到 95 mL 时，不要改变加热强度，并记录从 95 mL 到终点所经过的时间，如果这段时间超过 3 min，这次试验无效。

(6)蒸馏达到试样技术标准要求的终点(如馏出 95%、96%、97.5%、98%等)时，除记录馏出温度外，应同时停止加热，让馏出液流出 5 min，然后记录量筒中的液体体积。

蒸馏喷气燃料或煤油时，如果在尚未达到技术标准要求的馏出 98% 的情况下已把试样蒸干，再次试验就允许在馏出液达到 97.5% 时记录馏出温度并停止加热，让馏出液流出 5 min，然后记录量筒中液体的体积。如果量筒中的液体体积小于 98 mL，应重新进行试验。

(7)如果试样的技术标准规定有干点的温度，那么对蒸馏烧瓶的加热要达到温度计的水银柱停止上升而开始下降时为止，同时记录温度计所指示的最高温度作为干点，在停止加热后，让馏出液流出 5 min，然后记录量筒中液体的体积。

(8)蒸馏时，体积和温度计读数要分别精确至 0.5 mL 和 1 ℃。

(9)试验结束时，取出上罩，让蒸馏烧瓶冷却 5 min，从冷凝管上卸下蒸馏瓶。卸下温度计及瓶塞之后，将蒸馏瓶中热的残留物仔细地倒入 10 mL 的量筒内，待量筒冷却到(20±3)℃时，记录残留物的体积，精确至 0.1 mL。

(10)试样的 100 mL 减去馏出液和残留物的总体积所得之差，就是蒸馏的损失。

(11)对于馏程不明的试样，试验时要记录下列的温度。

①初馏点。

②馏出体积分数为 10%、20%、30%、40%、50%、60%、70%、90%和 97%的温度。

将该试样在确定近似牌号之后，再按照牌号的技术标准所规定的各项馏程要求重新进行馏程测定。

(12)大气压力对馏出温度影响的修正。

①大气压力高于 102.7 kPa(770 mmHg)或低于 100 kPa(750 mmHg)时,对馏出温度所受大气压力的影响,按式(1)或式(2)计算修正数 C。

$$C=0.000\,9\times(101.3-p)(273+t) \tag{1}$$

或

$$C=0.000\,12\times(760-p)(273+t) \tag{2}$$

式中:p——试验时大气压力,kPa(或 mmHg);

t——温度计示数,℃。

此外,也可以利用表 2-3 的馏出温度修正常数 k,按式(3)或式(4)简捷地算出修正数 C。

$$C=k(101.3-p)\times7.5 \tag{3}$$

或

$$C=k(760-p) \tag{4}$$

馏出温度在大气压力 p 下的数据 t 和在 101.3 kPa(760 mmHg)时的数据 t_0 存在如下的换算关系:

$$t_0=t+c \tag{5}$$

或

$$t=t_0-c \tag{6}$$

②实际大气压在 100.0~102.7 kPa(750~770 mmHg)范围内时,馏出温度不需要进行上述修正,即认为 $t=t_0$。

表 2-3　馏出温度的修正常数

馏出温度/℃	k	馏出温度/℃	k
11~20	0.035	191~200	0.056
21~30	0.036	201~210	0.057
31~40	0.037	211~220	0.059
41~50	0.038	221~230	0.060
51~60	0.039	231~240	0.061
61~70	0.041	241~250	0.062
71~80	0.042	251~260	0.063
81~90	0.043	261~270	0.065
91~100	0.044	271~280	0.066
101~110	0.045	281~290	0.067
111~120	0.047	291~300	0.068
121~130	0.048	301~310	0.069
131~140	0.049	311~320	0.071
141~150	0.050	321~330	0.072
151~160	0.051	331~340	0.073
161~170	0.053	341~350	0.074
171~180	0.054	351~360	0.075
181~190	0.055		

考核评分标准如表2—4所示。

表2—4 "车用无铅汽油馏程测定"评分标准

序号	考核内容	考核要点	配分	评分标准	检测结果	扣分	得分	备注
1	准备	试样及仪器安装的准备	40	试验前冷凝管未除掉上次蒸馏留下的液体,扣5分				
				水槽中水温未保持蒸馏相应样品的温度,扣5分				
				量筒周围水浴的温度不符合规范,扣5分				
				试样温度不在规定范围内,扣5分				
				试样注入蒸馏瓶时,液体流入支管,扣5分				
				温度计插入蒸馏瓶位置不正确,扣5分				
				蒸馏瓶支管未插入冷凝管内25～50 mm,扣3分				
				冷凝管下端位于量筒的中心,至少伸入25 mm,未按规定操作,扣2分				
				接收馏出液的量筒密封不严密,扣5分				
2	测定	蒸馏过程	40	从加热到初馏点时间不符合规定,扣5分				
				从初馏点到10%馏出时间不符合规定,扣5分				
				各馏出点温度记录不准确,扣3分				
				样品馏出速度不符合规定,扣10分				
				各馏出温度未进行温度校正,扣2分				
				残留液为3 mL时进行加热强度调整,到终馏点的时间不符合规范,扣5分				
				蒸馏到达终馏点时未停止加热,扣5分				
				烧瓶未冷却就将残留物倒入量筒中,扣5分				
3	结果	报出结果及重复性	20	初馏点两次结果之差不符合规定值,扣5分				
				终馏点两次结果之差不符合规定值,扣5分				
				中间馏分两次结果之差不符合规定值,扣5分				
				结果报出不详,扣5分				
合计			100					

工作任务二　石油产品水溶性酸及碱测定

[任务描述]

完成石油产品的水溶性酸及碱测定。

[学习目标]

(1)了解石油产品水溶性酸及碱的测定原理;

(2)掌握石油产品水溶性酸及碱的测定方法。

[技能目标]

正确进行石油产品水溶性酸及碱的测定。

[所需仪器、试剂和材料]

（一）仪器

（1）分液漏斗：250 或 500 mL。

（2）试管：直径为 15～20 mm，高度为 140～150 mm，用无色玻璃制成。

（3）漏斗：普通玻璃漏斗。

（4）量筒：25、50 和 100 mL。

（5）锥形烧瓶：100 和 250 mL。

（6）瓷蒸发皿。

（7）电热板及水浴。

（8）酸度计：具有玻璃－氯化银电极（或玻璃－甘汞电极），精度为 pH≤0.01。

（二）试剂

（1）甲基橙：配成 0.02％甲基橙水溶液。

（2）酚酞：配成 1％酚酞乙醇溶液。

（3）95％乙醇：分析纯。

（三）材料

（1）滤纸：工业滤纸。

（2）溶剂油：符合 SH 0004 橡胶工业用溶剂油规定。

（3）蒸馏水：符合 GB/T 6682《分析实验室用水规格和试验方法》中三级水规定。

[相关知识]

一、石油产品腐蚀性质量要求

石油产品在储存、运输和使用过程中，对所接触的机械设备、金属材料、塑料及橡胶制品等产生破坏的能力，称为油品的腐蚀性。由于机械设备和零件多为金属制品，因此，油品腐蚀性主要指对金属材料的腐蚀。腐蚀作用不但会使机械设备受到损坏，影响其使用寿命，而且由于金属被腐蚀后多生成不溶于油品的固体杂质，还会影响油品的洁净度和安定性，从而对储存、运输和使用带来更多的危害。

对车用无铅汽油腐蚀性的要求是不腐蚀发动机零件和容器。评定车用无铅汽油腐蚀性的指标有硫含量、硫醇性硫含量、铜片腐蚀试验和水溶性酸、碱的测定。

二、水溶性酸及碱的测定意义

水溶性酸指的是无机酸和低分子有机酸，水溶性碱是指氢氧化钠或碳酸钠等，它们通常为石油产品酸碱精制过程中的残留物，是强腐蚀性物质。水溶性酸几乎对所有金属都有腐蚀作用，尤其是在有水存在的情况下，其腐蚀性更为严重；水溶性碱对金属，特别是对铝质零件，有较强腐蚀性。例如：汽油中若有水溶性碱，汽化器的铝制零件易生成氢氧化铝胶体，堵塞油路、滤清器及油嘴。因此，车用无铅汽油中不允许有水溶性酸及碱的存在。

[工作任务详述]

本方法适用于测定液体石油产品、添加剂、润滑脂、石蜡、地蜡及含蜡组分的水溶性酸或水溶性碱（中华人民共和国国家标准 GB/T 259—88）。

一、方法概要

用蒸馏水或乙醇水溶液抽提试样中的水溶性酸或碱，然后分别用甲基橙或酚酞指示剂检查抽出液颜色的变化情况，或用酸度计测定抽提物的 pH 值，以判定有无水溶性酸或碱的存在。

二、准备工作

(1)将试样置入玻璃瓶中,不超过其容积的 3/4,摇动 5 min。黏稠的石蜡试样应预先加热至 50~60 ℃再摇动。

(2)当试样为润滑脂时,用刮刀将试样的表层(3~5 mm)刮掉,然后在不靠近容器壁的至少三处,取约等量的试样置入瓷蒸发皿,并小心地用玻璃棒搅匀。

(3)对于 95％乙醇,必须用甲基橙或酚酞指示剂,或酸度计检验呈中性后,方可使用。

三、试验步骤

(1)当试验液体石油产品时,将 50 mL 试样和 50 mL 蒸馏水放入分液漏斗,加热至 50~60 ℃。对轻质石油产品,如汽油和溶剂油等,均不加热。

对 50 ℃时运动黏度大于 75 mm²/s 的石油产品,应先在室温下与 50 mL 汽油混合,然后加入 50 mL 加热至 50~60 ℃的蒸馏水。

将分液漏斗中的试验溶液轻轻地摇动 5 min,不允许乳化;澄清后放出下部的水层,经滤纸过滤后,滤入锥形烧瓶中。

(2)当试验润滑脂、石蜡、地蜡和含蜡组分时,取 50 g 预先熔化好的试样,称准至 0.01 g。将其置于瓷蒸发皿或锥形烧瓶中,然后注入 50 mL 蒸馏水,并煮沸至完全熔化。冷却至室温后,小心地将下部水层倒入有滤纸的漏斗中,滤入锥形烧瓶。对已凝固的产品(如石蜡和地蜡等),则事先用玻璃棒刺破蜡层。

(3)当试验添加剂产品时,向分液漏斗中注入 10 mL 试样和 40 mL 溶剂油,再加入 50 mL 加热至 50~60 ℃的蒸馏水。将分液漏斗摇动 5 min,澄清后分出下部水层,经有滤纸的漏斗,滤入锥形烧瓶中。

(4)当石油产品与水混合,即用水抽提水溶性酸或碱,产生乳化时,则用 50~60 ℃的 1:1 的 95％乙醇水溶液代替蒸馏水处理,以后的步骤按(1)条或(3)条进行。

注:试验柴油、碱洗润滑油、含添加剂润滑油和粗制的残留石油产品时,遇到试样的水抽出液对酚酞呈现碱性反应(可能由于皂化物发生水解作用引起)时,也可按本条步骤进行试验。

(5)将(1)(2)(3)或(4)条试验所得抽提物,用酸度计或指示剂测定水溶性酸或碱。

①用酸度计测定水溶性酸或碱。向烧杯中注入 30~50 mL 抽提物,电极浸入深度为 10~12 mm,按酸度计使用要求测定 pH 值。根据表 2-5 确定试样抽提物水溶液或乙醇水溶液中有无水溶性酸或碱。

表 2-5　水溶性酸或碱性与 pH 值对照表

石油产品水(或乙醇水溶液)抽提物特性	pH 值
酸　性	<4.5
弱酸性	4.5~5.0
无水溶性酸或碱	>5.0~9.0
弱碱性	>9.0~10.0
碱　性	>10.0

②用指示剂测定水溶性酸或碱。向两个试管中分别放 1~2 mL 抽提物,在第一支试管

中加入 2 滴甲基橙溶液,并将它与装有相同体积蒸馏水和 2 滴甲基橙溶液的第三支试管相比较。如果抽提物呈玫瑰色,则表示所试验石油产品里有水溶性酸存在。

在第二支盛有抽提物的试管中加入 3 滴酚酞溶液。如果溶液呈玫瑰色或红色时,则表示有水溶性碱存在。

③当对石油产品质量评价出现不一致时,则水溶性酸或碱的仲裁试验按"三、试验步骤"中(5)①条进行。

四、精密度

(1)本精密度规定仅适用于酸度计法。

(2)同一操作者提出的两个结果 pH 值之差不应大于 0.05。

五、报告

取重复测定两个 pH 值的算数平均值作为试验结果。

六、影响测定的主要因素

(一)取样的均匀程度

轻质油品中的水溶性酸、碱有时会沉积在盛样容器的底部,因此在取样前应将试样充分摇匀;而测定石蜡、地蜡等本身含蜡成分的固态石油产品的水溶性酸、碱时,则必须事先将试样加热熔化后再取样,以防止构造凝固中的网结构对酸、碱性物质分布的影响。

(二)试剂、器皿的清洁性

水溶性酸、碱的测定所用的抽提溶剂(蒸馏水、乙醇水溶液)以及汽油等稀释溶剂必须事先中和为中性。仪器必须确保清洁,无水溶性酸、碱等物质存在,否则会影响测定结果的准确性。

(三)油品的乳化

试样发生乳化现象,通常是由于油品中残留的皂化物水解的缘故,这种试样一般情况下呈碱性。当试样与蒸馏水混合形成难以分离的乳浊液时,需用 50~60 ℃ 呈中性的 95% 乙醇水溶液(1:1)做抽提溶剂来分离试样中的酸、碱。

七、考核评分标准

考核评分标准如表 2-6 所示。

表 2-6 "石油产品水溶性酸及碱测定法"评分标准

序号	考核内容	考核要点	配分	评分标准	检测结果	扣分	得分	备注
1	准备	试样及仪器安装的准备	60	试验前未将试样和蒸馏水按一定量放入分液漏斗,扣 10 分				
				未加热至 50~60 ℃,扣 10 分				
				轻质石油产品,如汽油和溶剂油等测定时加热,扣 10 分				
				对 50 ℃ 运动黏度大于 75 mm²/s 的石油产品,未预先在室温下与 50 mL 汽油混合,然后加入 50 mL 加热至 50~60 ℃ 的蒸馏水,扣 10 分				
				未轻轻摇动分液漏斗中的试验溶液 5 min,扣 10 分				
				经滤纸过滤后,滤入锥形烧瓶不正确,扣 10 分				

24

序号	考核内容	考核要点	配分	评分标准	检测结果	扣分	得分	备注
2	测定	测定过程	20	电极浸入深度 10～12 mm 不正确,扣 10 分				
				用酸度计测定水溶性酸或碱操作方法不正确,扣 10 分				
3	结果	报出结果及重复性	20	同一操作者提出的两个结果 pH 值之差大于 0.05,扣 10 分				
				未取重复测定两个 pH 值的算术平均值作为试验结果,扣 10 分				
合计			100					

工作任务三　汽油辛烷值测定(研究法)

[任务描述]

完成车用无铅汽油辛烷值的测定。

[学习目标]

(1)了解辛烷值是石油产品抗爆性的评定指标;

(2)掌握辛烷值的测定方法及提高汽油辛烷值的途径。

[技能目标]

正确进行车用无铅汽油辛烷值测定。

[所需设备与燃料]

1. 爆震试验装置

爆震试验装置包括一台连续可变化压缩比的单缸发动机,附带相应的负载设备、辅助设备和仪表。它们都装在一个固定的底座上。美国制造的 ASTM—CFR 试验机定为本标准的试验设备。

2. 爆震试验参比燃料

(1)参比燃料异辛烷,符合 GB/T 11117.1 要求。

(2)参比燃料正庚烷,符合 GB/T 11117.2 要求。

(3)参比燃料异辛烷和参比燃料正庚烷混合而成的辛烷值为 80 的调和油。

(4)稀释的乙基液。参比燃料异辛烷调和乙基液,使其辛烷值大于 100,用做测定试样辛烷值大于 100 的参比燃料。

3. 标定燃料

用甲苯(规格按表 2—7 规定)与参比燃料异辛烷、参比燃料正庚烷调和成爆震试验装置的标定燃料,其调和比例和相应的辛烷值见表 2—8。

表 2—7　标定燃料用甲苯规格标准

甲苯[①][②]/%	不小于 99.5

注:①GB/T 3144 方法。

②符合表 2—8 甲苯标定燃料的标定辛烷值。

表 2—8　甲苯标定燃料

经校正的辛烷值	评定允许差数	体积分数/%		
		甲苯	异辛烷	正庚烷
65.2	±0.4	50	0	50
75.5	±0.3	58	0	42
85.0	±0.3	66	0	34
89.3	±0.3	70	0	30
93.4	±0.2	74	0	26
96.9	±0.3	74	5	21
99.6	±0.4	74	10	16
103.3	±0.8	74	15	11
108.0	±0.9	74	20	6
113.7		74	26	0

[相关知识]

一、汽油的抗爆性

(一)汽油机的爆震

汽油机是用电火花点燃油气混合气而膨胀做功的机械,故又称点燃式发动机。其工作过程包括吸气(吸入油气混合气)、压缩、膨胀做功(由电火花点燃)和排气四个步骤,简称四行程。

在正常情况下,油气混合气一经电火花点燃,便以火花为中心逐层发火燃烧,平稳地向未燃区传播,火焰传播速度为 20~50 m/s。此时,气缸内温度、压力变化均匀,活塞被均匀地推动,发动机处于良好的工作状态。但是,如果使用燃烧性能差的汽油,油气混合物被压缩点燃后,在火焰尚未传播到的地方,就已经生成了大量的不稳定过氧化物,并形成了多个燃烧中心,同时自行猛烈爆炸燃烧,使火焰传播速度剧增至 1 500~2 500 m/s。高速爆炸燃烧产生强大的压力冲击波,猛烈撞击活塞头和气缸,发出清脆的金属敲击声,这种现象称为爆震(俗称敲缸)。

汽油机发生爆震时,火焰传播速度极快,瞬间掠过,使燃料来不及充分燃烧便被排出气缸,形成黑烟,造成功率下降,油耗增大。同时受高温高压的强烈冲击,发动机很容易损坏,可导致活塞顶或气缸盖撞裂、气缸剧烈磨损及气缸门变形,甚至连杆折断,迫使发动机停止工作。

(二)影响汽油机爆震的因素

影响爆震的因素较多,主要因素可以归结为燃料性质、发动机结构和工作状况等三个方面。

1. 燃料性质

汽油是 $C_4 \sim C_{11}$ 各族烃类的混合物。当碳原子数相同时,烷烃和烯烃易被氧化,自燃点最低。含烷烃、烯烃较多的燃料,很容易形成不稳定的过氧化物,产生爆震现象;反之,如果燃料中含有难以氧化的异构烷烃、芳烃和环烷烃较多,由于其自燃温度较高,就不易引起爆震。

同类烃中,相对分子质量越大(或沸点越高),形成不稳定过氧化物的倾向越大。因此,由同一原油炼制的汽油,馏分越重,越容易发生爆震。

2. 发动机结构

适当提高压缩比(压缩比是指活塞在下止点时的气缸容积与在上止点时的气缸容积之

比值),可增大混合气体的压缩程度,提高发动机功率,降低油耗,使发动机有较好的经济性。但随着压缩比的增大,压缩混合气的温度升高,压力也将增大,过氧化物的生成量也随之增多,因而越易发生爆震。所以,不同压缩比的发动机必须使用抗爆性与其相匹配的汽油,才能提高发动机功率而不会产生爆震现象。目前汽车发动机正朝着增大压缩比方向发展,这就要求生产更多抗爆性能好(即辛烷值高)的汽油。

3. 工作状况

气缸内油气与空气的混合程度可用空气过剩系数(a)表示。空气过剩系数指燃烧过程中实际供给空气量和理论需要空气量之比。在 a 为 0.8~0.9 时,最易爆震;在 a 为 1.05~1.15 时,不易爆震,功率大;气缸进气温度和压力的增高,使爆震倾向增大;冷却水温度升高,使爆震趋势增大;发动机转速增大,使爆震减弱。总之,凡是能促进汽油自燃的因素,如气缸内温度、压力的增大等,均能加剧爆震;凡是能促进汽油充分汽化、燃烧完全的因素,均能减缓爆震现象发生。

(三)质量要求

汽油的抗爆性指汽油在发动机中燃烧时不发生爆震的能力。它要求车用无铅汽油的辛烷值合乎规定,以保证发动机运转正常,不发生爆震,充分发挥功率。

二、辛烷值的测定意义

车用无铅汽油的抗爆性用研究法辛烷值和抗爆指数来评价。

(一)研究法辛烷值

辛烷值是在规定条件下的标准发动机试验中,通过和标准燃料进行比较来测定的,采用和被测燃料具有相同抗爆性的标准燃料中异辛烷的体积分数来表示。辛烷值越高,汽油的抗爆性越好,使用时可允许发动机在更高的压缩比下工作,这样可以大大提高发动机功率,降低燃料消耗。

标准燃料(或称参比燃料)由抗爆性能很好的异辛烷(2,2,4-三甲基戊烷,其辛烷值规定为100)和抗爆性能很差的正庚烷(其辛烷值规定为0)按不同体积分数配制而成。标准燃料中所含异辛烷的体积分数就是标准燃料的辛烷值。

辛烷值的测定是在标准单缸发动机中进行的,测定方法不同,其结果也不同。马达法辛烷值是在 900 r/min 的发动机中测定的,用以表示点燃式发动机在重负荷条件下及高速行驶时汽油的抗爆性能。目前,马达法辛烷值只作为航空汽油的质量指标。研究法辛烷值是发动机在 600 r/min 条件下测定的,它表示点燃式发动机低速运转时汽油的抗爆性能。测定研究法辛烷值时所用的辛烷值试验机与马达法基本相同,只是进入气缸的混合气未经预热,温度较低。研究法所测结果一般比马达法高出 5~10 个辛烷值单位,例如,过去用马达法辛烷值确定的 85 号汽油与现在由研究法辛烷值划分的 93 号汽油相对应。

研究法辛烷值和马达法辛烷值之差称为汽油的敏感性。它反映汽油抗爆性随发动机工作状况剧烈程度的加大而降低的情况。敏感性越低,发动机的工作稳定性越高。敏感性的高低取决于油品的化学组成,通常烃类的敏感性顺序为烯烃>芳烃>环烷烃>烷烃。

(二)抗爆指数

抗爆指数是反映车辆在行驶时汽油的抗爆性能指标。它是由不同类型车辆通过典型的道路试验确定的。通常,抗爆指数用总车辆的抗爆性能表示,故又称为平均实验辛烷值。

$$ONI=\frac{MON+RON}{2}$$

式中:ONI——抗爆指数;

MON——马达法辛烷值;

RON——研究法辛烷值。

抗爆指数越高,汽油的抗爆性越好。95号车用无铅汽油的抗爆指数为90,表示该汽油的研究法辛烷值不小于95,抗爆指数不小于90。

三、辛烷值测定的术语

(一)校验燃料

校验燃料由异辛烷、正庚烷和乙基液混合而成,用以检查发动机的工作状况。

(二)气缸高度

气缸高度是发动机气缸与活塞的相对位置,用测微计或计数器读数指示。

(三)爆震传感器

爆震传感器是安装在气缸头上的磁致伸缩型传感器,直接和气缸内的燃烧气体相接触,产生与气缸内压力变化速率成正比的电压。气缸内的爆震倾向越严重,传感器产生的电压数值就越大。

(四)爆震仪

爆震仪接收由爆震传感器送来的信号,删除其他振动频率的波,只留下爆震波,并将其放大,积分,得到一稳定的电压信号,再送给爆震表。

(五)爆震表

爆震表实际上是一个毫伏表,用0~100分度来显示爆震强度(工作范围20~80分度)。

(六)操作表

在101.3 kPa压力下,基础参比燃料调和油在产生标准爆震强度时,辛烷值与气缸高度(压缩比)之间的特定关系。

(七)爆震强度

在爆震试验装置上评价燃料时,燃烧产生爆震强度的指示值称为爆震强度。

(八)最大爆震强度油气比

燃料在爆震试验装置中燃烧,产生最大爆震强度时的燃料与空气混合比例称为最大爆震强度油气比,它是通过调节化油器玻璃观测器中的液面高度来实现的。

(九)测微计或计数器的读数

测微计或计数器的读数是气缸高度的数字指示(在规定的压缩压力下指示气缸高度的基准位置)。

(十)辛烷值

辛烷值是表示点燃式发动机燃料抗爆性的一个约定数值。测定辛烷值的方法不同,所得值也不一样,因此,引用辛烷值时应该指明所采用的方法。

(十一)基准参比燃料

基准参比燃料包括参比燃料异辛烷,参比燃料正庚烷,参比燃料异辛烷和参比燃料正庚烷按体积比混合的调和油,或已知辛烷值的在参比燃料异辛烷中加入标准稀释的乙基液的调和油。

辛烷值高于 100 的基准参比燃料调和油是根据试验确定的比例,在每升参比燃料异辛烷中加入若干毫升标准稀释的乙基液制得的。

辛烷值低于 100 的基准参比燃料调和油,是由参比燃料异辛烷和参比燃料正庚烷按体积比混合的调和油,参比燃料异辛烷所占体积分数即调和油的辛烷值。

(十二)展宽

展宽为爆震测量仪的灵敏度,即单位辛烷值在爆震表上指示的分度。

(十三)标准爆震强度

在最大爆震强度油气比下,把气缸高度调整到操作表的规定值,并进行大气压修正,已知辛烷值的参比燃料调和油在爆震试验装置中燃烧时产生爆震的程度称为标准爆震强度。一般应调整爆震仪的"放大"钮使此时的爆震表读数为 50。

(十四)甲苯标定燃料

甲苯标定燃料是由甲苯、参比燃料正庚烷和参比燃料异辛烷按不同体积比混合而成的。它是高灵敏度的燃料,用以确定允许偏差,判断该试验机是否适于试验。

四、提高汽油辛烷值的途径

(一)采用二次加工,改变汽油的化学组成

由原油直接蒸馏得到的汽油只是半成品,如直馏汽油的辛烷值仅为 40~60。经过二次加工后的同种原油,其辛烷值按催化裂化汽油、催化重整汽油、烷基化汽油的次序依次升高。这是由于催化裂化汽油含较多的烯烃、异构烷烃和芳烃,重整汽油含较多的芳烃,而烷基化汽油几乎是 100% 的异构烷烃所致。

因此,采用二次加工,改变汽油的化学组成是提高辛烷值的有效途径之一。为了适应发动机在不同转速下的抗爆要求,优质汽油应含有较多异构烷烃。异构烷烃不但辛烷值高,抗爆性能好,而且敏感性低,使发动机运行稳定,因此是汽油中理想的高辛烷值组分。

(二)调入高辛烷值组分

加入烷基化油、异构化油、苯、甲苯及工业异辛烷等都能提高汽油的辛烷值。近年来引人重视的高辛烷值组分是甲基叔丁基醚(MTBE),试验表明 MTBE 对直馏汽油、催化裂化汽油、宽馏分重整汽油和烷基化汽油均有良好的调和效应,其调和辛烷值高于本身的净辛烷值(RON 为 117,MON 为 101),特别是对直馏汽油和烷基化汽油调和效果最好,RON 通常可分别达到 133 和 130,MON 分别达到 115 和 108。目前,我国已批量生产 MTBE。

[工作任务详述]

一、主题内容与适用范围

本方法采用美国试验与材料协会(ASTM)辛烷值试验机测定汽油辛烷值(研究法)的步骤、运转工况、试验条件及操作细则等(中华人民共和国国家标准 GB/T 5487—1995)。

一种燃料的研究法辛烷值是在标准操作条件下,将该燃料与已知辛烷值的参比燃料混合物的爆震倾向相比较而被确定的。通过改变压缩比并用一个电子爆震表来测量爆震强度而获得标准爆震强度。此时,可用下列两种方法之一测定。

1)内插法 在固定的压缩比条件下,使试样的爆震表读数位于两个参比燃料调和油的爆震表读数之间,试样的辛烷值用内插法进行计算。

2)压缩比法 由试样达到标准爆震强度所需的气缸高度,经校正,读出试样的辛烷值。采用这种方法时,参比燃料仅用于确定标准爆震强度,标准爆震强度要经常检验。

二、引用标准

GB 484《车用汽油》

GB/T 3144《甲苯中烃类杂质的气相色谱测定法》

GB/T 4016《石油产品名词术语》

GB/T 4756《石油和液体石油产品取样法(手工法)》

GB/T 8170《数值修约规则》

GB/T 11117.1《爆震试验参比燃料 参比燃料异辛烷》

GB/T 11117.2《爆震试验参比燃料 参比燃料正庚烷》

SH 0041《无铅车用汽油》

SH 0112《汽油》

三、取样

按照 GB/T 4756 方法规定取样。

四、发动机的工作状况及试验条件

1)发动机转速 发动机转速为(600 ± 6)r/min,在一次试验中最大变化不超过 6 r/min。

2)点火提前角 点火提前角固定在上止点前 13.0°。

3)火花塞间隙 火花塞间隙为(0.51 ± 0.13)mm$[(0.020\pm0.005)$in$]$。

4)无触点点火系统 传感器底部位置与转子(叶片)末端的间隙为 $0.08\sim0.013$ mm $[(0.003\sim0.005)$in$]$。

5)摇臂托架调整 摇臂托架调整包括以下三部分。

(1)摇臂托架支承螺丝调定:每一个摇臂托架支承螺丝都拧进缸体中,并使气缸体上的加工表面与叉形体底面的距离为 31 mm($1\frac{7}{32}$ in)。

(2)摇臂托架的调定:在无补偿计数器读数为 722(测微计读数为 0.500 in)时,摇臂托架必须水平。

(3)摇臂调定:在摇臂托架调定时及进排气阀关闭情况下,摇臂托架应处于水平位置。

6)进排气阀间隙 进排气阀间隙均为(0.20 ± 0.03)mm$[(0.008\pm0.001)$in$]$。它是在发动机处于标准操作条件下热运转时测量的。

7)曲轴箱润滑油 用 L—EQE 级以上的汽油机油,黏度等级以 30 为宜。

8)润滑油压力 在标准试验条件下,润滑油压力为 $172\sim207$ kPa$(25\sim30$ lbf/in$^2)$。

9)润滑油温度 润滑油温度为(57 ± 8.5)℃$[(135\pm15)$℉$]$,将热敏元件全浸至曲轴箱润滑油中测量。

10)冷却液温度 冷却液温度为(100 ± 1.5)℃$[(212\pm3)$℉$]$,在一次试验中要恒定在 ±0.5 ℃$(\pm1$ ℉)的范围内。

11)进气湿度 进气湿度为 $3.56\sim7.12$ g 水/kg 干空气$(25\sim50$ g 水/lb 干空气)。

12)进气温度 用插入进气支管上的水银温度计测量,按当地大气压与温度关系的规定,保持在±1.1 ℃$(\pm2$ ℉)范围内。用这个温度作为测微计或计数器的定值,以取得标准爆震强度,并对评定性能作初步检查。在以后的试验中可以用其他温度,但是初次试验必须按规定的温度进行。

13)化油器喉管直径 在咽喉处直径为 14.3 mm。

14)基准气缸高度调定　发动机达到规定的温度时,按规定调定基准气缸高度。

15)燃料－空气比　每次试验,无论是试样还是参比燃料,都应调节燃料－空气比以获得最大爆震强度。燃料－空气比通过化油器的油罐的高度获得。燃料液面计应在0.7～1.7刻度范围内,否则应清理喷嘴孔或改变喷嘴孔的尺寸以满足上述要求。

16)爆震表读数范围　爆震强度在爆震表的工作范围为20～80。小于20,爆震强度是非线性的;大于80,爆震表的电位变化是非线性的。

17)爆震仪的展宽　当辛烷值为90时,调整到每个辛烷值的爆震指示的展宽为10～18分度。展宽的幅度会随辛烷值的大小而变化,如在辛烷值为90时调好展宽,大多数情况下评定80～102范围的辛烷值就不必再作变动了。

18)内插法参比燃料　应用内插法测量时,试样的爆震表读数必须处在两个相邻的参比燃料读数之间,两个参比燃料辛烷值差数不能大于2个单位。辛烷值在100以下的试样只能用不含乙基液的参比燃料来评定。辛烷值在100.0～103.5时,只能用具有下列几组辛烷值的参比燃料:

　　　100.0 和 100.7

　　　100.7 和 101.3

　　　101.3 和 102.5

　　　102.5 和 103.5

19)压缩比法用参比燃料　试样的爆震表读数必须与参比燃料体系中选择的参比燃料混合物相匹配。辛烷值在100.0～103.5范围内时,只能用辛烷值为100.7、101.3、102.5、103.5的几种参比燃料。

20)试样处理　试样倒入油罐前,应冷却至2～10 ℃(35～50 ℉)。

五、发动机的启动与停车

(一)发动机的启动

启动前将曲轴箱润滑油预热至(57±8.5)℃[(135±15) ℉],检查发动机是否正常,是否缺少润滑油和冷却液,盘车2至3圈,打开冷却水,向各润滑点加润滑油,再用电动机拖动发动机运转,打开点火、加热开关,化油器从一个油罐中抽取燃料点燃发动机。

(二)发动机的停车

先关闭燃料阀,再将所有油罐中的燃料放出,关闭加热、点火开关,用电动机拖动发动机运转1 min,然后关闭电动机,关闭冷却水开关。为了避免在两次运转之间发动机的进、排气阀和阀座遭到腐蚀和扭曲,要转动飞轮至压缩冲程的上止点,使两个气阀都处于关闭的位置。

六、爆震测量仪的调整

(一)爆震表零点调整

在不供电情况下,调爆震表上的调整螺丝使爆震表指针为零,这样的调整每月至少一次。

(二)爆震仪的零点调整

在爆震表的零点调整好后,给爆震仪供电,将仪表调零开关放在"0"的位置上,时间常数放在"1"上,检查爆震表指针是否为零,如不在零位,可调整爆震仪下方的电位器,调好后拧好防护帽。这样的调整每天试验前都应做一次。

(三)调时间常数

调时间常数就是调积分时间,即调仪表反应的灵敏度。位置"1"积分时间最短,反应的速度也最快,但仪表也最不稳定;位置"6"积分时间最长,反应的速度最慢,但仪表最稳定。通常应把时间常数放在"3"或"4"的位置上。

（四）调展宽

调展宽即调仪表的区别能力,合适的仪表展宽水平按内插法要求。以调整辛烷值为90时的展宽水平为例,具体调整如下。

(1)用辛烷值为90的参比燃料操作发动机,使发动机工况满足"四、发动机的工作状况及试验条件"的要求。

(2)逆时针方向旋转"仪表读数"和"展宽"旋钮,将粗调旋钮调到底,细调旋钮调到中间位置上。

(3)顺时针方向调整"展宽"粗调旋钮,大致放在"3"的位置上。

(4)顺时针方向调整"仪表读数"粗调旋钮,使爆震表指针大致指在中间位置上。可用细调旋钮来调整精确的读数。

(5)调整化油器燃料液面高度,使之获得最大爆震强度。在调整过程中,如果爆震表最大读数不易获得,这说明展宽太小。

(6)再次调整化油器燃料液面高度,使之获得爆震最大读数的液面。

(7)重新调整"仪表读数"细调旋钮,使爆震表读数为50±3。

(8)依据一个单位辛烷值爆震表的读数来确定实际的仪表展宽水平,最简单的办法是不换燃料,改变压缩比,观察爆震表指针的变化。如用辛烷值为90的参比燃料工作时,压缩比调到辛烷值89、90、91的测微计和计数器位置上,待稳定时,记录下爆震表的读数,其差值就是仪表的展宽水平,也可以用90上下各相差一个辛烷值的两个参比燃料进行测定,在压缩比不变的情况下,测定结果的差值为仪表的展宽水平。

(9)提高展宽。顺时针方向调"展宽"细调旋钮,使爆震表指针指向100,逆时针方向调"仪表读数"细调旋钮,使爆震表指针回到50±3。如果展宽幅度不够,可重复上述步骤。

(10)降低展宽。逆时针方向调"展宽"细调旋钮,使爆震表指针指向20或更低一些,再顺时针方向调"仪表读数"细调旋钮,使爆震表指针提高到50±3。如果展宽幅度还需降低,可重复上述步骤。

(11)在调整过程中,如发现细调旋钮的调整范围不能满足要求,就应与粗调旋钮配合使用,使之满足调整需要。

(12)展宽幅度应为每个单位辛烷值10~18分度,如果每个单位辛烷值的展宽幅度大于20分度,操作时应多加小心。

七、试验机标准状态的调整和检查

（一）发动机标准爆震强度的初步检查

当发动机处于标准试验条件下,符合最大爆震强度要求,关闭点火开关时,发动机应立即熄火,如不熄火,说明发动机的机械状态不良,这时应检查火花塞和发动机的燃烧室,清除积炭,修复后再重复上述操作。

（二）最大爆震强度的燃料—空气混合比和标准爆震强度的获得

1)初步调整气缸高度 将试样倒入化油器油罐中并将液面调整到估计产生最大爆震强度位置上,旋转选择阀,使用该试样操作,待发动机处于标准状态后,调整气缸高度,使爆震表指针指在50或小一些的位置上。

2)调整燃料－空气比　如液面高度在玻璃液面计上显示为1.3,让爆震表指针达到平衡状态后,再按0.1的增量,把液面升高到1.2,1.1……得到富燃料－空气混合比状态下的爆震表读数,直到爆震表读数至少比最大值降低5分度,再将燃料液面高度调回到爆震表产生最大读数的位置上,如1.2,然后再用同样方法,依次将液面高度调至1.3,1.4……在贫燃料－空气混合比状态下工作,直到爆震表读数至少比最大值降低5分度,再将燃料液面调回到使爆震表产生最大读数的位置上,或者在产生同一爆震表读数的两个液面中间位置上,如1.25。这就是最大爆震强度燃料液面。检查上述调整正确性的方法是将液面调到偏离上述位置两侧各0.1位置上,如1.15和1.35,如读数都下降,说明上述调整是正确的。如有的读数增加了,说明上述调整有错,必须重新调整。

3)化油器冷却　如果在液面计中有明显的气泡蒸发,引起液面波动或燃烧不稳定,则化油器必须冷却。

4)标准冷却剂　在化油器冷却设备中,循环冷却液(水或水质防冻液)在化油器交换中不得低于0.5℃(33℉)。当评定任何燃料时,这种冷却液都可循环使用。

5)气缸高度的进一步调整　在确定最大爆震强度油气比后,爆震表读数可能不在50±3的范围内,这时应调整气缸高度,使爆震表读数为50±3。

(三)校正评定特性

(1)发动机在标准试验条件下,进行甲苯标定燃料的标定试验。如果试验结果能满足表2－8要求,这说明设备状态是良好的。如果超出了表2－8要求,但是能满足表2－9要求,则可以用改变进气温度调谐的方法,使标定试验的结果满足表2－8要求。如试验结果超出了表2－9要求,这说明设备状态不良,需要进一步检查和校正设备的技术状态。

表2－9　甲苯标定燃料混合物的空气温度调整辛烷值限度

辛烷值	辛烷值调整限度	体积分数/%		
		甲苯	异辛烷	正庚烷
65.2	±0.9	50	0	50
75.5	±0.8	58	0	42
85.0	±0.7	66	0	34
89.3	±0.6	70	0	30
93.4	±0.5	74	0	26
96.9	±0.5	74	5	21
99.6	±0.8	74	10	16
103.3	±1.2	74	15	11
108.0	±1.7	74	20	6
113.7	±2.2	74	26	0

(2)进气温度的确定。按下列步骤进行。

①在初始作甲苯标定燃料标定试验时,发动机的进气温度应根据当天的大气压力查得。

②如甲苯标定试验的结果符合表2－8要求,在此后的试样评定中,进气温度就控制在步骤"七、试验机标准状态的调整和检查"中(三)(2)①条的数值上。

③如甲苯标定试验的结果不符合表2－8要求,但符合表2－9要求,就用改变进气温度调谐的方法,使试验结果符合表2－8要求,此后的试样评定中,进气温度控制在使甲苯标定试验结果符合表2－8要求时的进气温度上。

(3)校正试验的频繁程度规定。

①每天评定试验以前,都必须用甲苯标定燃料校正评定特性。

②校正试验结果仅在此后的 7 h 内有效。

③当更换操作人员、停机超过 2 h 或停机进行较大的检修和更换零部件时,都应重新校正评定特性。

④每天只选择与试样的辛烷值相接近的甲苯标定燃料进行试验,如果试样的辛烷值估计不出来,先测定试样的辛烷值然后再校正评定特性也是可以的。

八、用内插法评定试样

(1)在同一压缩比下进行试验,试样的爆震表读数应在两个参比燃料的爆震表读数之间。

(2)必须按要求配参比燃料。

(3)第一个内插参比燃料。按照"七、试验机标准状态的调整和检查"的方法,确定试样产生标准爆震强度的气缸高度,根据此时的气缸高度估算出试样的辛烷值。配制一个接近估算辛烷值的参比燃料倒入化油器的一个油罐中,把燃料液面调到估计产生最大爆震强度的位置上。旋转选择阀,让发动机用这个参比燃料操作,再按"七、试验机标准状态的调整和检查"中(二)2)条的方法,调整燃料液面高度,使之获得最大爆震强度液面和最大爆震读数,并作记录。

(4)第二个内插参比燃料。在进行第一个内插参比燃料试验后,可配制第二个内插参比燃料,预计上述两个参比燃料的爆震表读数应把试样的爆震表读数包括在内,这两个参比燃料的辛烷值差数不大于 2 个辛烷值单位。把调好的第二个参比燃料倒入化油器的第三个油罐中,用"七、试验机标准状态的调整和检查"中(二)2)的方法调整燃料液面高度,使之获得最大爆震强度液面和最大爆震表读数,并作记录。如果这两个参比燃料的爆震表读数把试样读数包括在内,或两者中一个与试样的读数相同,则可按照"七、试验机标准状态的调整和检查"继续进行。

(5)检查标准爆震强度的一致性。如果第一、第二两个参比燃料的爆震表读数不能满足(4)条要求,则用已经测得爆震表读数来估算试样的辛烷值。如果气缸高度与试样的辛烷值之间关系符合要求,并进行了大气压力修正,则可按(6)条所述的进行测试。如果不是,则对气缸高度和爆震测量仪作必要的调节,并重复(2)和(3)条的操作。

(6)第三个内插参比燃料。如果第一、第二两个参比燃料的爆震表读数不能把试样的读数包括在内,就应根据已测数据预算结果,选择第三个参比燃料,以替换前两者中的一个并与另一个相配合,以达到把试样的爆震表读数包括在内的目的。

(7)读数规则。在取得一系列试样与参比燃料爆震表读数以后,再检查一次燃料液面是否是最大爆震强度液面,按下列顺序测量并记录某种燃料的爆震表读数:试样→第二个参比燃料→第一个参比燃料。

(8)重复测量时,参比燃料的顺序应对换一下。每次测量,都必须让爆震表指针稳定后再作记录。完成一次测试,至少需要下列测试记录次数。

①在下列情况下,需要两组数据:

(a)第一组数据和第二组数据计算辛烷值之差不大于 0.3 个辛烷值单位;

(b)试样的平均爆震表读数在 50±5 范围内。

②在下列情况下,需要三组数据:

(a)第一组数据和第二组数据计算辛烷值之差不大于 0.5 个辛烷值单位；

(b)第三组数据计算结果在前两者之间；

(c)试样的平均爆震表读数在 50±5 范围内。

③如果第一组数据第二组数据计算的辛烷值之差大于 0.5 个辛烷值单位，或者第三组数据计算的辛烷值不在前两组数据的中间，这些数据不能用，必须重新试验。

(9)检查标准爆震强度的一致性。如果试验结果满足(8)条要求，应确保与样品相匹配的第一个参比燃料的辛烷值的补偿气缸高度是在 ±0.25 mm(0.010 in)测微计读数或 14 个计数器单位内。如果不在这些限值内，标准爆震强度应调整到 50 的读数上，而试样应重新测定。

(10)试样的测定。最后进行试样的测定，首先要调整好最大爆震强度燃料液面，必要时调整气缸高度使爆震表读数为 50。各次测试完成后，按(9)条所述方法检查标准爆震强度的一致性。

当发动机是在规定的大气压力下吸入空气温度下运行时，如运转期间大气压力变化大于 0.34 kPa，按规定数值重新调节吸入空气温度。当发动机已经按"七、试验机标准状态的调整和检查"(二)2)条标准化以后，大气压仍有类似的变化，重按"七、试验机标准状态的调整和检查"中(二)2)条操作。

(11)试验结果计算。试验结果如符合(8)条要求，就可以进行计算。首先算出各种燃料的爆震表读数的平均值。将平均值代入下式，计算出试样的辛烷值(精确到两位小数)。

$$X = \frac{b-c}{b-a}(A-B) + B$$

式中：X——试样的辛烷值；

A—— 高辛烷值参比燃料的辛烷值；

B——低辛烷值参比燃料的辛烷值；

a—— 高辛烷值参比燃料的平均爆震表读数；

b——低辛烷值参比燃料的平均爆震表读数；

c——试样的平均爆震表读数。

九、用压缩比法测定试样

(一)确定标准爆震强度

(1)用与试样同一范围的第一个参比燃料。

(2)把压缩比调整到符合要求的数值。

(3)调节参比燃料液面，取得最大爆震燃料—空气比。

(4)调整爆震仪，使爆震表读数为 50。

(二)评定试样燃料

把化油器燃料选择阀转到由装试样的燃料罐供油。

(1)调整压缩比使爆震表读数为 50。

(2)调节燃料罐液面，取得最大爆震燃料—空气比。

(3)重新调整压缩比，使爆震表读数为 50。

(4)读取计数器读数(经大气压补偿的读数)，从校正表读取相应的辛烷值，完成上述每一步骤，取得一个辛烷值测定结果。

（三）试样测定结果辛烷值与参比燃料辛烷值允许差

试样测定结果辛烷值与确定标准爆震强度所用的参比燃料辛烷值,最大允许差不能超过表2—10所列数值。

表2—10　参比燃料与试样之间辛烷值最大允许差

试样评定辛烷值范围	参比燃料与试样之间辛烷值最大允许差
≤90.0	2.0
90.1~100.0	1.0
100.1~102.0	0.7
102.1~105.0	1.3
≥105.1	2.0

（四）辛烷值读数

当参比燃料与试样之间的差数超过表2—10所列的数值时,应换一个辛烷值与试样辛烷值相差不大于表2—10所列的数值的参比燃料,按（一）条重新确定标准爆震强度。再把化油器燃料选择阀转到由试样罐供油,调整压缩比使爆震表读数为50。读取计数器读数,经校正后读取相应的辛烷值读数。

（五）检查标准爆震强度的频率

对于辛烷值低于100的试样,每评定四个试样后需按（一）条检查标准爆震强度一次,对于辛烷值高于100的试样,每评定两个试样后检查一次,对"敏感度大"的高辛烷值汽油,检查的频率要更高些。

（六）试样结果计算

上述重复评定结果,按GB/T 8170《数值修约规则》修约到小数点后一位。

十、测定结果表述

将辛烷值数据报为研究法辛烷值,简写为××.×/RON。

十一、精密度

用以下指标来判断本试验结果的可靠性（95%置信水平）。

（一）重复性

在同一实验室,由同一操作人员,用同一仪器和设备,对同一试样连续作两次重复试验,对测定90至95平均研究法辛烷值范围内的试样时,其差值不得超过0.2个辛烷值单位。

（二）再现性

在任意两个不同实验室,由不同操作人员,用不同的仪器和设备,在不同或相同的时间内,对同一试样所测得的结果不超出表2—11所列数值。

表2—11　再现性要求

平均研究法辛烷值范围	辛烷值评定允许差
80.0	1.2
85.0	0.9
90.0	0.7
95.0	0.6
100.0	0.7
105.0	1.1
110.0	2.3

辛烷值处于表2—11所列的数值之间者,再现性评定差限用内插法计算得到。

十二、考核评分标准

考核评分标准如表2-12所示。

表2-12 "汽油辛烷值的测定(研究法)"评分标准

序号	考核内容	考核要点	配分	评分标准	检测结果	扣分	得分	备注
1	准备	试样及仪器安装的准备	30	试验前未正确取样,扣5分				
				未调节发动机转速正常,扣5分				
				未正确进行摇臂托架调整,扣5分				
				未正确调节待测油品的压力和温度,扣5分				
				未正确调节冷却液和进气温度,扣5分				
				进、排气阀间隙调节不正确,扣5分				
2	测定	测定过程	50	未调定基准气缸高度,扣10分				
				试验过程中未及时调整爆震仪展宽,扣5分				
				参比燃料混合物混合方法不正确,扣5分				
				试样处理不正确,扣5分				
				读数不正确,扣5分				
				未正确进行爆震测量仪调整,扣10分				
3	结果	报出结果及重复性	20	试验机标准状态的调整和检查不正确,扣10分				
				同一操作者提出的两个结果之差,相对偏差大于0.1%,扣10分				
				未将重复测定三个数值的平均值作为试验结果,扣10分				
	合计		100					

工作任务四　轻质石油产品铅含量测定(原子吸收光谱法)

[任务描述]

完成轻质石油产品铅含量的测定。

[学习目标]

(1)了解石油产品铅含量的测定意义;

(2)掌握原子吸收光谱法在石油产品检验中的应用;

(3)掌握原子吸收光谱法测定石油产品铅含量的操作过程。

[技能目标]

正确进行轻质石油产品铅含量的测定。

[所需仪器和试剂]

(1)原子吸收分光光度计:单缝燃料器(缝长100 mm)能提供必要的空气流量,确保本试验的灵敏度。

(2)铅空心阴极灯。

(3)振荡器。

(4)电炉:功率为 1.5 kW(可调)。

(5)聚乙烯塑料瓶:1 000 mL。

(6)量筒:50、100、500、1 000 mL。

(7)移液管:0.5、1、5、10 mL。

(8)量杯:10、50 mL。

(9)分液漏斗:250、1 000 mL。

(10)玻璃烧杯:10、50、100、250 mL。

(11)容量瓶:10、25、100、250、500、1 000 mL。

(12)硬质玻璃取样瓶:2 000 mL。全部玻璃器皿在使用前应用铬酸洗液摇动洗涤 5 min,然后水洗三次,再用体积比为 1:1 的热硝酸水溶液摇动洗涤 5 min,最后用去离子水冲洗三次。

(13)硝酸铅:纯度高于 99.8%。

(14)去离子水:一次蒸馏水,经阴阳离子交换树脂处理制成。以下简称水。

(15)硝酸:优级纯。

(16)盐酸:优级纯。

(17)碘化钾:分析纯。

(18)碘酸钾:分析纯。

(19)81.2 g/L(0.5 mol/L)一氯化碘溶液:称取 55.5 g 碘化钾于 250 mL 烧杯中,用水转移至 1 L 玻璃塞容量瓶中,加入约 400 mL 水,再加入 445 mL 浓盐酸(12 mol/L),摇动使之溶解,并冷至室温。慢慢加入 37.5 g 碘酸钾并边摇动边在自来水龙头上冲水冷却,直至开始形成的碘重新溶解,得到清亮橙红色溶液,冷至室温后用水稀释至 1 L。盛一氯化碘的容器禁止使用橡胶塞子。在一定条件下,一氯化碘能和氨分子反应生成三碘化氮,很容易爆炸,所以一氯化碘绝对禁止与氨或铵盐接触。

(20)250 g/L 抗坏血酸溶液:将 25 g 抗坏血酸溶于水,并稀释至 100 mL。

(21)332 g/L(2.0 mol/L)碘化钾溶液:将 33.2 g 碘化钾溶于水,并稀释至 100 mL。贮存于深色瓶中,存放时间不得超过 2 d。

(22)甲基异丁基甲酮(MIBK)试剂:分析纯。

(23)铅标准溶液:在烘箱内 105 ℃下干燥硝酸铅 1 h,取出后立即置于干燥器内冷却至室温,准确称取 1.598 4 g,用约 300 mL 体积分数为 3% 的硝酸溶液溶解后用水稀释至 1 L,贮于聚乙烯塑料瓶中。该溶液铅浓度为 1 mg/mL。

(24)无水乙醇:分析纯。

[相关知识]

铅是一种累积性毒物,可溶性铅一旦被人体吸收就会积累,发生中毒事件,轻则口内有金属味、恶心、出汗、腹痛、头痛,重者循环衰竭。汽油中若含有铅,则经过汽油机燃烧成气溶胶排到空气中,会造成大气污染。现已不准在汽油中加铅。汽油中铅含量测定方法还有 GB/T 377—90《汽油中铅含量测定法(铬酸盐法)》,但因本方法适用于测定汽油中浓度在 2.5～25 mg/L 的总铅量,而且本方法不受汽油组成差别的影响,不受不同类型的烷基铅化合物的影响,故重点介绍。

[工作任务详述]

一、方法概要

本标准(中华人民共和国国家标准SH/T 0242—92)适用于石脑油、无铅汽油等轻质石油产品。处理500 g试样可测铅的最低浓度为10 ng/g。用一氯化碘萃取试样中的铅。将萃取液煮沸并冷却至室温,再加入过量的碘化钾,则生成碘化铅配合物,所产生的碘用抗坏血酸还原。最后用甲基异丁基甲酮反萃取碘配合物,以空气-乙炔火焰原子吸收分光光度计测定。

二、引用标准

GB/T 1884《原油和液体石油产品密度实验室测定法(密度计法)》

GB/T 4756《石油液体手工取样法》

三、准备工作

(一)取样

将硬质玻璃取样瓶按玻璃器皿洗涤方法洗净烘干,如在工艺流程装置上取样,要预先打开取样口,放出相当于死角存油的3~5倍后,直接将试样加入取样瓶中并立即加盖。如在油罐中取样,则按照GB/T 4756规定,所取试样应在24 h内分析测定。

(二)确定原子吸收测定条件

操作者按本实验室所用仪器,参照下述条件选择最佳操作条件,保证仪器测定灵敏度达到1 $\mu g/mL$,甲基异丁基甲酮试液的吸光度为0.02以上。

(1)分析线波长:283.3 nm。

(2)工作曲线范围:0.5~4.0 $\mu g/mL$。

(3)灯电流:5~10 mA。

(4)燃烧头高度:使光束穿过火焰的原子化区。

(5)空气与乙炔流量比为8:4(贫燃火焰),当喷入甲基异丁基甲酮后,使之成为化学计量火焰。

(三)配制铅的标准系列溶液

用移液管准确移取5 mL浓度为1 mg/mL铅标准水溶液于干燥的500 mL容量瓶中,加一小滴硝酸,加约100 mL无水乙醇;用甲基异丁基甲酮稀释至刻度,摇匀后贮于聚乙烯塑料瓶中。该溶液应呈清亮透明状。铅浓度为10 $\mu g/mL$。存放时间不得超过15 d。

用移液管准确移取10 $\mu g/mL$铅标准溶液1.25、2.5、5.0、10.0 mL,分别放入四个25 mL干燥的容量瓶中。再用甲基异丁基甲酮稀释至刻度,溶液应呈清亮透明状。该铅标准系列溶液浓度为0.5、1.0、2.0、4.0 $\mu g/mL$。

四、试验步骤

(1)按GB/T 1884准确地测定试样密度。

(2)取5 00 g左右试样于1 000 mL分液漏斗中,加入(10±0.2)mL一氯化碘溶液,盖上塞子,在振荡器上振荡5 min,静置分层。将下层水相萃取液收集于100 mL烧杯中,分三次每次用10 mL水振荡洗涤油层约3 min,将每次洗涤液合并到100 mL烧杯中。

(3)将上述萃取液放在电炉上加热至沸腾。取下烧杯冷却至室温后,转移到250 mL分液漏斗中,加入10 mL碘化钾溶液摇匀,再加入10 mL抗坏血酸溶液,用水稀释至100 mL,摇匀。

(4)用移液管准确加入10 mL甲基异丁基甲酮,在振荡器上振荡3 min,静置约2 min

直至两相分层,弃去水相,将有机相转移到 10 mL 干燥容量瓶中作为样液。此样液必须在 8 h 内测定。

(5)在选好的测定条件下,将甲基异丁基甲酮喷入火焰,仪器调零后,马上测定铅标准系列溶液,然后立即测定空白溶液及样液。以标准系列溶液的吸光度为纵坐标,相应浓度为横坐标,绘制工作曲线。

每次测定试样都要进行空白试验,空白试验除不加试样外,均按试样试验步骤进行。空白测定值不应大于 0.2 μg/mL。

五、结果处理

在绘出的工作曲线上查出试液对应浓度或用"浓度直读"的方式直接测出试液的浓度。

六、精密度

按下述规定判断试验结果的可靠性(95％置信水平)。

（一）重复性

同一操作者重复测定两个结果之差不应大于表 2—13 数值。

（二）再现性

不同实验室各自提出的两个结果之差不应大于表 2—13 数值。

表 2—13　精密度要求

试样铅含量范围/(ng/g)	重复性(允许差数)	再现性(允许差数)
10～50	算术平均值的 7％	算术平均值的 11％
>50～120	算术平均值的 10％	算术平均值的 15％

七、报告

取重复测定两个结果的算术平均值作为本试验的测定结果。

八、考核评分标准

考核评分标准如表 2—14 所示。

表 2—14　"轻质石油产品铅含量测定"评分标准

序号	考核内容	考核要点	配分	评分标准	检测结果	扣分	得分	备注
1	准备	试样及仪器安装的准备	50	未准确地测定试样密度,扣 5 分				
				取 500 g 左右试样于 1 000 mL 分液漏斗中操作错误,扣 5 分				
				轻质石油产品,如汽油和溶剂油等测定时加热,扣 5 分				
				加入一氯化碘溶液,盖上塞子,在振荡器上振荡 5 min,未静置分层,扣 5 分				
				未将下层水相萃取液收集于 100 mL 烧杯中,扣 5 分				
				没有将每次洗涤液合并到 100 mL 烧杯中,扣 5 分				
				萃取液放在电炉上加热未沸腾,扣 5 分				
				取下烧杯没有冷却至室温,扣 5 分				
				转移到 250 mL 分液漏斗中,加入试剂用水稀释至 100 mL 时操作错误,扣 5 分				
				加入 10 mL 甲基异丁基甲酮时,移液管使用操作错误,扣 5 分				

序号	考核内容	考核要点	配分	评分标准	检测结果	扣分	得分	备注
2	测定	测定过程	30	测定条件选择错误,扣10分				
				没有测定空白溶液,扣10分				
				标准曲线绘制不规范,扣5分				
				从工作曲线上查出空白溶液和样液浓度时读数错误,扣5分				
3	结果	报出结果及重复性	20	出现一次测定试样没有进行空白试验,扣10分				
				未平行测定两次,扣10分				
合计			100					

[拓展知识]

一、汽油的选用

汽油选用的基本要求是,在正常运行条件下发动机不发生爆震。因此必须结合发动机的构造、使用地理条件和应用实际合理选择不同牌号的汽油。

1. 根据发动机压缩比选择

目前,选择汽油牌号的主要依据仍是发动机压缩比。通常,压缩比低于9的汽油机选用90号或93号汽油;压缩比高于9的汽油机选用95号汽油。如果选用不当,会造成发动机工作不稳定或降低发动机的经济性。例如,压缩比高的发动机选用低辛烷值汽油,会引起发动机爆震,致使功率下降,油耗升高;反之,压缩比低的发动机使用较高辛烷值的汽油,又会造成浪费,不经济。目前,国外汽车汽油机的压缩比一般在8~9,大多数使用研究法辛烷值为91的汽油。

我国国产汽油的实测辛烷值一般要比标定值高1个单位以上,所以,若汽车使用说明书要求使用研究法辛烷值为91的汽油时,不论是货车还是轿车,一般均可使用国产90号汽油。只有在90号汽油抗爆性不能满足车辆正常运行要求时,才考虑使用93号汽油。

需要指出的是,除汽油牌号外,发动机爆震还与其他一些因素有关。因此,当发动机爆震时,应先查明原因,采取措施消除引起爆震的各种因素,而不要轻易决定更换高牌号汽油。

2. 根据地区海拔高度选择

高原地区空气较稀薄,大气压力低,发动机吸入空气量下降,压缩终了的压力与温度都有所降低,可选用较低牌号的汽油而不致产生爆震现象。

3. 牌号相近汽油的代用

在汽油供应一时不能满足要求时,可以选择牌号相近的汽油代用,并通过调整发动机最佳点火时间来防止爆震和有效发挥汽油的效能。例如,当汽油机使用辛烷值低于要求的汽油时,可适当推迟点火时间(即减小点火提前角),并注意勿使发动机超负荷工作,以免发生爆震;反之,当汽油机使用辛烷值高于要求的汽油时,可将点火时间适当提前(即加大点火提前角),以充分发挥较高辛烷值汽油的效能,提高发动机功率,降低油耗。

二、汽油的储存

汽油灌装及储存时主要应注意防火、防爆,避免质量变化及减少蒸发损失。

1. 防火、防爆

向各种容器中灌装汽油时,应严格按容器安全容量灌装,根据季节不同,可留出 5%～7%的安全空间,以防受热后汽油膨胀而将油桶胀破。

汽油是易燃物,其蒸气与空气的混合气一经接触明火,就有着火爆炸的危险。因此,储存、使用应严格遵守操作规程,防火、防爆,确保安全。

2. 避免质量变化

在油罐中储存的汽油,每三个月应抽样检验其实际胶质含量,如已接近 25 mg/100 mL(经运输与储存,使用时的实际胶质往往要比标准中要求的数值高,一般允许不大于25 mg/100 mL),则应及时使用。与油罐储存相比较,桶装汽油损耗较大,变质较快,露天存放的桶装汽油,时间不应超过半年。对库存汽油必须进行定期化验,建立油品档案。

油品应尽量储存在温度低、温差小的地方,防止温升膨胀和加速变质,同时减少汽油与金属表面接触,使金属催化氧化变质的可能性减小。

3. 减少蒸发损失

储存汽油时,除根据油温变化留出必要的空间外,油罐或油桶应尽可能装满,否则长期储存时,汽油蒸发损失将明显增大。试验证明,在露天存放的条件下,油桶仅装 20%的汽油,年损失 13.9%;装油 60%,损失 2.3%;装油 90%,损失 0.4%。同时酸度、胶质也有较快的增长。所以,汽油的蒸发损失不仅是数量的减少,还伴随着质量的下降及蒸气着火、爆炸的隐患。

[知识和技能考查]

1. 名词解释

(1)汽油　(2)车用无铅汽油　(3)车用乙醇汽油　(4)水溶性酸、碱　(5)初馏点　(6)干点　(7)馏程　(8)辛烷值

2. 判断题(正确的画"√",错误的画"×")

(1)车用无铅汽油 10%蒸发温度反映其低温启动性和形成气阻的倾向。(　　)

(2)50%馏出温度反映车用无铅汽油的平均蒸发性,它影响发动机启动后的升温时间和加速性能。(　　)

(3)研究法辛烷值和马达法辛烷值之差称为汽油的敏感性。(　　)

(4)当碳原子数相同时,烷烃和烯烃易被氧化,自燃点最低,不易引起爆震。(　　)

(5)95 号车用无铅汽油的抗爆指数为 90,表示研究法辛烷值不小于 95,抗爆指数不小于 90。(　　)

(6)高原地区空气较稀薄,可以选用较低牌号的汽油。(　　)

(7)测定汽油馏程时,如果试样含有可见水,可用无水硫酸钠除水后再进行试验。(　　)

(8)测定汽油馏程时,量筒的口部要用吸水纸或脱脂棉塞住。(　　)

(9)进行铜片腐蚀试验时,如果在试样中看到有悬浮水(浑浊),则应另取试样试验。(　　)

3. 填空题

(1)车用无铅汽油的馏程常用_____、_____、_____蒸发温度和_____等来评价,其中_____蒸发温度和_____反映车用无铅汽油在气缸中的蒸发完全程度。

（2）蒸馏结束后，以装入试样量为 100％减去馏出液体和残留物的体积分数，所得之差值称为_____。

（3）异构烷烃是汽油中理想的高辛烷值组分，因为其具有辛烷值高、_____性能好、_____性低、发动机运行稳定的特点。

（4）评定车用无铅汽油安定性的指标主要有_____和_____。

（5）安装蒸馏装置时，冷凝管出口插入量筒深度应不小于_____mm，并不应低于_____；在初馏后，冷凝管出口要_____。

（6）测定汽油馏程时，应控制从初馏点到 5％回收体积的时间是_____s；从 5％回收体积到蒸馏烧瓶中 5 mL 残留物的冷凝平均速率是_____mL/min。

（7）测定馏程时，样品储存温度要求在_____；若试样含水，需用_____或其他合适的干燥剂干燥，再用倾注法除去；蒸馏烧瓶支板孔径为_____mm；蒸馏烧瓶和温度计温度_____室温；量筒和 100 mL 试样温度为_____之间；试验过程中冷浴温度控制在_____℃内，可根据试样含蜡量控制操作允许的最低温度；量筒周围的温度为_____℃；从开始加热到初馏点的时间限制在_____min；从蒸馏烧瓶残留液体约为 5 mL 到终馏点的时间，要求不大于_____min。

4. 选择题（请将正确答案的序号填在括号内）

（1）"无铅 90 号汽油"表示（　　　）。

A. 90 号汽油　　　　　　　　　B. 90 号无铅车用汽油

C. 90 号车用无铅汽油　　　　　D. 90 号车用汽油

（2）在国家标准化管理委员会批准的对 GB 17930—1999《车用无铅汽油》的技术要求修改中，规定不得人为加入的物质是（　　　）。

A. 甲酸　　　B. 甲醇　　　C. 甲醛　　　D. 乙基液

（3）测定汽油馏程时，量取试样、馏出物和残留液体积的温度均要保持在（　　　）。

A. 13～18 ℃　　B. 0～1 ℃　　C. 1～4 ℃　　D. 0～10 ℃

（4）水溶性酸、碱测定时，若试样与蒸馏水混合形成难以分离的乳浊液时，则需用下列（　　　）溶剂来抽提试样中酸、碱。

A. 异丙醇　　　　　　　　　　B. 正庚烷

C. 95％乙醇水溶液　　　　　　D. 乙醇

学习情境三　柴油检验

工作任务一　石油产品残炭测定

[任务描述]

完成石油产品残炭的测定。

[学习目标]

(1)掌握石油产品残炭测定的意义;

(2)掌握石油产品残炭测定的方法、原理及步骤。

[技能目标]

正确进行石油产品残炭测定。

[所需仪器]

(1)石油产品康氏残炭测定仪(见图 3—1)。

(2)瓷坩埚:全部上釉,广口型,口部外缘直径 46～49 mm,容量为 29～31 mL。

(3)内铁坩埚:带环形凸缘,容量为 65～82 mL。凸缘的内径为 53～57 mm,外径为 60～67 mm。坩埚高 37～39 mm,带有一个盖子,盖子没有导管而有关闭的垂直孔,盖上水平孔的直径约为 6.5 mm。此孔必须保持清洁。坩埚的平底外径为 30～32 mm。

(4)外铁坩埚:顶部外径为 78～82 mm,高 58～60 mm,壁厚约为 0.8 mm,还有一个合适的铁盖。每次试验之前,在坩埚的底部平铺一层约 25 mL 的干沙子,或以放入的沙子量能使内铁坩埚的盖顶几乎碰到外铁坩埚的顶盖为准。

(5)镍铬丝三脚架:用直径 2.0～2.3 mm 左右的镍铬丝做成。口的大小能支撑外铁坩埚的底部,使之与遮焰体的底面处在同一水平面。

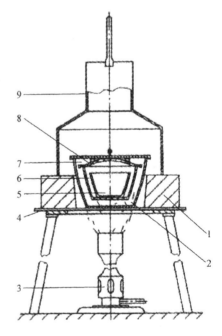

图 3—1　康氏残炭测定仪

1—遮焰体;2—干沙子;3—喷灯;4—镍铬丝三脚架;
5—瓷坩埚;6—内铁坩埚;7—外铁坩埚;
8—水平孔;9—圆铁罩

(6)圆铁罩:用薄铁板制成。下段圆筒直径为 120～130 mm,高 50～53 mm。上段是烟囱,内径为 50～56 mm,高 50～60 mm。中部有圆锥形过渡段,连接上下两段。圆铁罩总高

125～130 mm。此外,在烟囱的顶部有一高度为 50 mm 的火桥(用直径 3 mm 左右的镍铬丝或铁丝制成),用以控制烟囱上方火焰的高度。

(7)遮焰体:遮焰体为绝缘体、陶瓷耐热块、耐火环或空心金属盒。可以做成圆形,也可做成方形。直径或外边长 150～175 mm,高 32～38 mm,中间设置有金属衬里的倒锥形孔,上大下小,孔顶直径 89 mm,孔底直径 83 mm。使用耐火环式遮焰体时,由于环由硬质耐热材料制成,所以无须金属衬里。

(8)喷灯:孔径直径约 25 mm 的米克式或相当的喷灯。

[相关知识]

一、柴油种类及牌号

(一)柴油种类

用于压燃式发动机(简称柴油机)做能源的石油燃料称为柴油。我国柴油主要分为馏分型和残渣型两类。馏分型柴油机燃料即轻柴油和车用柴油;前者适用于汽车、拖拉机、内燃机车、工程机械、船舶和发电机组等压燃式发动机;后者主要用于压燃式柴油的发动机汽车。残渣型柴油机燃料目前主要用于船用大功率、低速柴油机,故又称为残渣型船用燃料油。

(二)柴油牌号

我国轻柴油和车用柴油均按凝点不同划分为七个牌号,即 10 号、5 号、0 号、-10 号、-20 号、-35 号和-50 号轻柴油和车用柴油。其中,10 号轻柴油表示其凝点不高于 10 ℃。轻柴油和车用柴油产品标记由国家标准号、产品牌号和产品名称三部分组成,例如,-10 号轻柴油标记为 GB 252 -10 号轻柴油;-10 号车用柴油的标记为 GB/T 19147 -10 号车用柴油。不同牌号的轻柴油、车用柴油适用于不同的地区和季节。

残渣型柴油机燃料按 100 ℃时的运动黏度划分牌号,如 35.0 表示该油品在 100 ℃时的运动黏度不小于 35.0 mm²/s。

二、柴油规格

(一)规格标准

车用柴油标准是 GB/T 19147—2003《车用柴油》,该标准是参照采用欧盟标准 EN 509—1998《车用柴油》制定的,排放达到欧Ⅱ标准,满足国际贸易和环保要求。该标准于 2003 年 5 月 23 日发布,于 2003 年 10 月 1 日实施。该标准主要是对城市车用柴油而定的,属于推荐实施标准,其实施可依据各地环保部门的具体要求而定。由于车用柴油耗油量低,排放二氧化碳少,满足了节能和环保要求,因此其使用和发展备受关注,目前深受人们喜爱的新款柴油汽车正在不断推出。

轻柴油标准执行 GB 252—2000《轻柴油》,残渣型船用燃料油标准执行 GB/T 17411—1998《船用燃料》。

(二)技术要求

轻柴油和车用柴油的馏程、铜片腐蚀、水分、机械杂质、总不溶物、10% 蒸余物残炭值、灰分、凝点、冷滤点和运动黏度等指标要求相同,其他质量指标略有差异,车用柴油要求更高。此外,车用柴油还对密度提出了具体要求;而轻柴油还有色度和酸度两项指标。车用柴油的技术要求和试验方法见表 3-1。

表 3-1 车用柴油技术要求和试验方法

质量指标(GB/T 19147—2003)

项　　目		10 号	5 号	0 号	—10 号	—20 号	—35 号	—50 号	试验方法
氧化安定性,总不溶物含量①/(mg/100 mL)	不小于	2.5	2.5	2.5	2.5	2.5	2.5	2.5	SH/T 0175
硫含量②/%	不大于	0.05	0.05	0.05	0.05	0.05	0.05	0.05	GB/T 380
10%蒸余物残炭值③/%	不小于	0.3	0.3	0.3	0.3	0.3	0.3	0.3	GB/T 268
灰分含量/%	不小于	0.01	0.01	0.01	0.01	0.01	0.01	0.01	GB/T 508
铜片腐蚀(50 ℃,3 h)/级	不大于	1	1			1		1	GB/T 5096
水分含量/%	不大于	3	3			5	5	5	GB/T 509 GB/T 8019
机械杂质④		无	无	无	无	无	无	无	GB/T 511
润滑性磨痕直径(60 ℃)⑤/μm	不大于	460	460	460	460	460	460	460	ISO 12156—1
运动黏度(20 ℃)/(mm²/s)	不大于	3.0~8.0	3.0~8.0	3.0~8.0	3.0~8.0	2.5~8.0	1.8~7.0	1.8~7.0	GB/T 265
凝点/℃	不高于	10	5	0	—10	—20	—35	—50	GB/T 265
冷滤点/℃	不高于	12	8	4	—5	—14	—29	—44	SH/T 0248
闭口闪点/℃	不高于	55	55	55	55	50	45	45	GB/T 261
酸度/(mg KOH/100 mL)	不大于	1	1	—		—		—	GB/T 258
碘值/(g I₂/100 g)	不大于	12	12						SH/T 0234
着火点(需满足下列要求之一)									GB/T 386
十六烷值	不高于	49	49	49	49	46	45	45	GB/T 11139
或十六烷指数	不低于	46	46	46	46	46	43	43	SH/T 0694
馏程									
50%回收温度/℃	不高于	300	300	300	300	300	300	300	GB/T 6536
90%回收温度/℃	不高于	355	355	355	355	355	355	355	
95%回收温度/℃	不高于	365	365	365	365	365	365	365	
密度(20 ℃)/(kg/m³)	不大于	820~860	820~860	820~860	820~860	820~860	820~840	800~840	GB/T 1884 GB/T 1885

注:①为出厂保证项目,每月应检测一次。在原油性质变化、加工工艺条件改变、调和比例变化及检修开工后等情况下应及时检测。对特殊要求用户,按双方合同要求进行检验。

②可用 GB/T 11131、GB/T 11140、GB/T 12700、GB/T 17040 和 SH/T 0689 方法测定。结果有争议时,以 GB/T 380 方法为准。

③可用 GB/T 17144《石油产品残炭测定法(微量法)》方法测定。结果有争议时,以 GB/T 268《石油产品残炭测定法(康氏法)》方法为准。若柴油中含有硝酸酯型十六烷值改进剂及其他性能添加剂,10%蒸余物残炭的测定,必须用不加硝酸酯和其他添加剂的基础燃料进行。柴油中是否含有硝酸酯型十六烷值改进剂,可用本标准的方法检验。

④可用目测法,即将试样注入 100 mL 玻璃筒中,在室温[(20±5)℃]下观察,应当透明,没有悬浮和沉降的水分及机械杂质。结果有争议时,按 GB/T 260《石油产品水分测定法》或 GB/T 511《石油产品和添加剂机械杂质测定法(称量法)》测定。

⑤为出厂保证项目,对特殊要求用户,按双方合同要求进行检验。

三、柴油的安定性

与汽油相似,影响柴油安定性的主要因素同样是油品中的不饱和烃(如烯烃、二烯烃)以及含硫、氮化合物等不安定组分。安定性差的柴油,长期储存后颜色会变深,易在油罐或油箱底部、油库管线内及发动机燃油系统生成胶质和沉渣。在使用过程中,油箱温度可达60~80 ℃,由于剧烈震荡,油品中的溶解氧可达到饱和程度。进入燃油系统后,温度继续升高,在金属的催化作用下,不安定组分会急剧氧化生成胶质。这些胶质堵塞滤清器,会影响供油;沉积在喷嘴上,会影响雾化质量,导致不完全燃烧,甚至中断供油;沉积在燃烧室壁,会形成积炭,加剧设备磨损。

车用柴油要求安定性好,在储存时生成胶质及燃烧后形成积炭倾向要小。

评价轻柴油和车用柴油安定性的指标主要有总不溶物和 10%蒸余物残炭。

四、石油产品残炭测定的意义

在规定的仪器中隔绝空气加热油品,使其蒸发、裂解及缩合所形成的残留物,称为残炭。残炭是评价油品在高温条件下生成焦炭倾向的指标。

由于车用柴油馏分轻,直接测定残炭值很低,误差较大,故规定测定 10%蒸余物残炭。车用柴油 10%蒸余物残炭反映油品的精制深度或油质的好坏。10%蒸余物残炭值大的柴油在使用中会在气缸内形成积炭,导致散热不良,机件磨损加剧,缩短发动机使用寿命。

轻柴油和车用柴油均要求 10%蒸余物残炭值不大于 0.3%。

[工作任务详述]

一、方法概要

本方法(中华人民共和国国家标准 GB/T 268-87)一般用于在常压蒸馏时易部分分解、相对不易挥发的石油产品。对能产生灰分的石油产品(用 GB 508《石油产品灰分测定法》测定)则会得到残炭值偏高的结果,误差的大小取决于所生成的量。

下述情况应予注意。

1)发动机油 发动机油的残炭值,一度被认为能表示发动机油在发动机的燃烧室中生成炭质沉积物量的指标,但由于许多石油产品中都存在添加剂,所以现在看来这一点是值得怀疑的。例如,有灰分生成的简体添加剂,会增加石油产品的残炭值,但它通常可以减少石油产品生成沉积物的倾向。

2)柴油 含有硝酸戊酯的柴油的残炭值偏高。但是,如果对不含硝酸戊酯的柴油,或对准备要调入硝酸戊酯的基础燃料进行试验,则其残炭值与燃料室沉积物有近似的关系。

含有有灰分生成的添加剂的石油产品,残炭值可能与形成沉积物的倾向无关,而且可能比形成沉积物的相应倾向要高些。

本方法参照采用国际标准 ISO 6615-1983《石油产品残炭测定法(康氏法)》。把已称量的试样置于坩埚内进行分解蒸馏。残余物经强烈加热一定时间即进行裂化和焦化反应。在规定的加热时间结束后,将盛有炭质残余物的坩埚置于干燥器内冷却并称重,计算残炭值(以原试样的质量分数表示)。

二、准备工作

(1)瓷坩埚(特别是使用过的含有残炭的瓷坩埚)必须先放在(800±20)℃的高温炉中煅烧 1.5~2 h,然后冷却、清洗、烘干备用,准备直径约 2.5 mm 的玻璃珠,清洗烘干备用(准备好的瓷坩埚和玻璃珠应保存于干燥器中)。

(2)对备用的盛有两个玻璃珠的瓷坩埚称重,称准至 0.000 1 g。

(3)所取的试样必须具有代表性,取样前将装入量不超过瓶内容积 3/4 的试样充分摇动,使其混合均匀。黏稠的或含石蜡的石油产品,应预先加热至 50～60 ℃才进行摇匀。含水的试样应先脱水和过滤,然后进行摇匀。

三、试验步骤

(1)向盛有两个直径约 2.5 mm 玻璃珠并称过质量的瓷坩埚内加入(10±0.5) g 无水、无悬浮物的试样。试样量需根据预计的残炭生成量按表 3-2 称取,并称准至 0.005 g。

表 3-2 预计残炭生成量

预计残炭值/%	试样量/g
<5	10±0.5
5～15	5±0.5
>15	3±0.1

(2)参照图 3-1 安装仪器。首先将镍铬三脚架放到适合的支架上,将遮焰体放在镍铬三脚架上,然后将上述准备好的全套坩埚放在镍铬三脚架上,必须使外铁坩埚放在遮焰体的正中心。全套坩埚用圆铁罩罩上,以使反应过程中受热均匀。

(3)置喷灯头于外铁坩埚底下约 50 mm 处,进行强火加热,使预点火阶段控制在(10±1.5) min 内。当罩顶出现油烟时,立即移动或倾斜喷灯,令火焰触及坩埚的边沿,使油蒸气着火。然后暂时移开喷灯,调节火焰,再将灯放回原处。要使灯调到着火的油蒸气均匀燃烧,火焰高出烟囱,但不超过火桥。如果罩上看不见火焰,可适当加大喷灯的火焰。油蒸气燃烧阶段应控制在(13±1) min 内完成。如果火焰高度和燃烧时间两者不可能同时符合要求,则控制燃烧时间符合要求更为重要。

(4)当试样蒸气停止燃烧,罩上看不见蓝烟时,立即重新增强煤气喷灯的火焰,使之恢复到开始状态,使外铁坩埚的底部和下部呈樱桃红色,并准确保持 7 min。总加热时间应控制在(30±2) min 内。

(5)移开煤气喷灯,使仪器冷却到不见烟(约 15 min),然后移去圆铁罩和内、外铁坩埚的盖,用热坩埚钳将瓷坩埚移入干燥器内,冷却 40 min 后称重,准确至 0.000 1 g,计算残炭占试样的质量分数。

四、残炭值超过 5% 的试样步骤

本试验步骤适用于重质原油、渣油、重燃料油和重柴油之类的油品。按"三、试验步骤"规定的步骤(用 10 g 试样)测得残炭值大于 5% 时,会因试样沸腾溢出而使实验正常进行有困难。此外,由于重质油品脱水困难,也可能遇到麻烦。

(1)对按"三、试验步骤"中(1)条规定的步骤测得残炭值在 5%～15% 的试样,需称(5±0.5) g 试样重做。若残炭值大于 15%,则称(3±0.1) g 试样重做。试样量称准至 0.005 g。

(2)当用 5 或 3 g 试样时,要按"三、试验步骤"中(3)条规定的时间来控制预点火和燃烧时间是不大可能的。但尽管如此,试验结果仍是可靠的。

五、测定 10％蒸余物残炭的试验步骤

（一）10％蒸余物的制备

10％蒸余物的制备方法有两种：GB 6536—1997《石油产品蒸馏测定法》和 GB 255—77 （88）《石油产品馏程测定法》。制定时可采用两种方法的任何一种，现把两种方法分述如下。

1. 石油产品蒸馏测定法（GB 6536—1997）

（1）对要求测定 10％蒸余物残炭的试样，用 GB 6536—1997 获得 10％蒸余物。蒸馏时使用 250 mL 蒸馏烧瓶、200 mL 量筒和 60 mm 孔径的石棉垫。

（2）将温度为 13～18 ℃ 的 200 mL 试样置于蒸馏烧瓶内。冷凝槽温度维持在 0～4 ℃，用量过试样的量筒（不要洗）作为接收器，并置于冷凝器出口的下方，不要使出口尖端与量筒壁接触。为得到较准确的 10％蒸余物，应设法使馏出物温度和装样温度一致。

（3）均匀加热蒸馏烧瓶，使其在加热后 10～15 min 内从冷凝器中滴下第一滴馏出物，移动量筒，使冷凝器出口尖端与筒壁接触。然后按每分钟 8～10 mL 的均匀蒸馏速度调节加热强度。继续蒸馏至馏出物收集到（178±1） mL 时停止加热，将冷凝器中馏出物收集在量筒中直到 180 mL（蒸馏烧瓶装入量的 90％）时为止。此即由原试样得到的 10％蒸余物。

2. 石油产品馏程测定法［GB 255—77（88）］

对要求测定 10％蒸余物残炭的试样，用 GB 255 获得 10％蒸余物。每次试验时进行不少于两次的蒸馏，收集其 10％蒸余物作为试样。

（二）10％蒸余物残炭值的测定

在蒸余物温热能流动的情况下，将（10±0.5） g 蒸余物倒入已称重并用于测定残炭的坩埚内。冷却后称试样的质量，称准至 0.005 g，并按"三、试验步骤"所述步骤测定残炭值。

六、计算

试样或 10％蒸余物的康氏残炭值 X（％）按下式计算：

$$X = \frac{m_1}{m_2} \times 100\%$$

式中：m_1——残炭的质量，g；

m_2——试样的质量，g。

七、影响测定的主要因素

（一）量取温度

为了得到较准确的 10％蒸余物，蒸馏时应设法使馏出物温度与装样温度一致。

（二）仪器的安装

全套坩埚放在镍铬丝三脚架上，必须将外铁坩埚放在遮焰体的正中心，不能倾斜。全套坩埚用圆铁罩罩上，受热必须均匀，否则将影响测定结果。

（三）加热强度控制

预热期的加热应自始至终保持均匀，如果加热强度过大，试样会溅出瓷坩埚外，使测定结果偏低；如果加热强度过小，会使燃烧期延长，溅出残炭的可能性加大，同样使测定结果偏低。燃烧期要控制火焰不超过火桥，否则测定结果偏低。强热期必须保证 7 min，若加热强度不够，会影响到残炭的形成，造成测定结果偏大。

（四）坩埚冷却和称量

按规定，强热期过后，移开喷灯，使仪器冷却到不见烟（约 15 min），再移去圆铁罩和外、内铁坩埚盖，用热坩埚钳将瓷坩埚移入干燥器内，冷却 40 min 后称量。如果取出坩埚过早，新鲜空气进入瓷坩埚，在高温下残炭发生燃烧，会使测定结果偏小；反之，超时未取出，由于温度降低，可能引起瓷坩埚吸收空气中的水分，使测定结果偏高。

八、报告

取重复测定两个结果的算术平均值作为试样或 10% 蒸余物的残炭值。

九、考核评分标准

考核评分标准如表 3-3 所示。

表 3-3 "石油产品残炭测定"评分标准

序号	考核内容	考核要点	配分	评分标准	检测结果	扣分	得分	备注
1	准备	准备工作	15	试样含水未进行脱水，扣 5 分				
				未检查瓷坩埚、玻璃珠的准备情况，扣 5 分				
				取试样前未摇匀，扣 5 分				
2	测定	分析测定	55	瓷坩埚、试样称量不准确，扣 2 分				
				瓷坩埚放置位置错误，扣 3 分				
				未盖铁坩埚盖子或手法错误，扣 2 分				
				外铁坩埚内未平铺沙子，扣 3 分				
				康氏残炭测定仪安装错误，扣 5 分				
				火焰调整不正确，扣 10 分				
				预点火阶段时间控制错误，扣 5 分				
				油蒸气燃烧阶段时间控制错误，扣 5 分				
				试样蒸气停止燃烧，罩上看不见蓝烟时，未重新增强煤气喷灯，扣 5 分				
				时间保持错误，扣 2 分				
				总加热时间控制错误，扣 10 分				
				冷却时间错误，扣 3 分				
3	结果	计算结果及考试	30	计算结果错误或不精确，扣 5 分				
				重复性不在规定范围内，扣 10 分				
				未取重复测定两个结果的算术平均值作为残炭值，扣 5 分				
				测定结果与真实值之差不在规定范围内，扣 10 分				
	合计		100					

工作任务二　石油产品运动黏度测定和动力黏度计算

[任务描述]

完成石油产品运动黏度的测定和动力黏度的计算。

[学习目标]

(1)掌握石油产品黏度的测定方法。

(2)掌握石油产品黏度测定结果的计算方法。

[技能目标]

正确进行液体石油产品运动黏度的测定和动力黏度的计算。

[所需仪器、材料和试剂]

1. 黏度计

(1)玻璃毛细管黏度计应符合 SH/T 0173《玻璃毛细管黏度计技术条件》的要求。允许采用具有同样精度的自动黏度计。

(2)毛细管黏度计一组,毛细管内径为 0.4、0.6、0.8、1.0、1.2、1.5、2.0、2.5、3.0、3.5、4.0、5.0 和 6.0 mm(见图 3—2)。

(3)每支黏度计必须按 JJG 155《工作毛细管黏度计检定规程》进行检定并确定常数。测定试样的运动黏度时,应根据试验的温度选用适当的黏度计,使试样的流动时间不少于200 s,对于内径为 0.4 mm 的黏度计,试样的流动时间不少于 350 s。

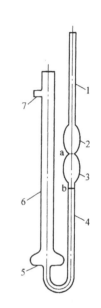

图 3—2　毛细管黏度计
1,6—管身;2,3,5—扩张部分;
4—毛细管;7—支管;a,b—标线

2. 恒温浴

带有透明壁或观察孔的恒温浴,其高度不小于 180 mm,容积不小于 2 L,并且附设自动搅拌装置和能够准确地调节温度的电热装置。

在 0 ℃和低于 0 ℃下测定运动黏度时,使用筒形、开有看窗的透明保温瓶,其尺寸与前述的透明恒温浴相同,并设有搅拌装置。

根据测定的条件,要在恒温浴中注入表 3—4 中列举的一种液体。

表 3—4　在不同温度下使用的恒温浴液体

测定的温度/℃	恒温浴液体
50~100	透明矿物油,丙三醇(甘油)或25%硝酸铵水溶液(该溶液的表面会浮着一层透明的矿物油)
20~50	水
0~20	水与冰的混合物,或乙醇与干冰(固体二氧化碳)的混合物
−50~0	乙醇与干冰的混合物,在无乙醇的情况下,可用无铅汽油代替

注:恒温浴中的矿物油最好加有抗氧化添加剂,延缓氧化,延长使用时间。

3. 玻璃水银温度计

符合 GB/T 514《石油产品试验用液体温度计技术条件》,每分格为 0.1 ℃。测定−30 ℃以下运动黏度时,可以使用同样分格值的玻璃合金温度计或其他玻璃液体温度计。

4. 秒表

每分格为 0.1 s。用于测定黏度的秒表、毛细管黏度计和温度计都必须定期检定。

51

5. 材料

(1)溶剂油:符合 SH 0004 橡胶工业用溶剂油要求。

(2)铬酸洗液。

6. 试剂

(1)石油醚:60~90 ℃,分析纯。

(2)95%乙醇:化学纯。

[相关知识]

一、柴油黏度的质量要求

黏度是保证车用柴油正常输送、雾化、燃烧及油泵润滑的重要质量指标。黏度关系到发动机供油系统(滤清器、油泵、喷嘴)的正常工作,黏度过大,油泵效率降低,发动机的供油量减少,同时喷油嘴喷出的油射程远,油滴颗粒大,不均匀,雾化状态不好,与空气混合不均匀,燃烧不完全,甚至形成积炭;黏度过小,则影响油泵润滑,加剧磨损,而且喷油过近,造成局部燃烧,同样会降低发动机功率。因此,高、中、低速柴油机均需要具有适宜黏度范围的燃料。

轻柴油和车用柴油对黏度的质量要求是:黏度适宜,即具有良好的流动性,以保证高压油泵的润滑和喷油雾化的质量,利于形成良好的混合气。

二、柴油黏度的测定意义

黏度是流体物理性质指数之一,它表示液体内部分子间阻碍其相对流动的内摩擦力,是液体流动时内摩擦力的量度。黏度分为动力黏度、运动黏度和条件黏度。车用柴油的黏度用运动黏度评价。

(一)动力黏度

动力黏度是表示液体在一定剪切应力下流动时内摩擦力的量度。当流体处于层流状态时,符合以下的牛顿黏性定律公式:

$$\tau = \frac{F}{S} = \mu \frac{\mathrm{d}v}{\mathrm{d}x}$$

式中:τ——剪切应力,即单位面积上的剪力,Pa;

F——相邻两层流体作相对运动时产生的剪力(或称内摩擦力),N;

S——相邻两层流体的接触面积,m^2;

$\frac{\mathrm{d}v}{\mathrm{d}x}$——在与流动方向垂直的方向上的流体速度变化率,称为速度梯度,s^{-1};

μ——流体的黏滞系数,又称动力黏度,Pa·s。

符合上式关系的流体称为牛顿型流体[①]。黏滞系数是衡量流体黏性大小的指标,称为动力黏度,简称黏度。其物理意义是:当两个面积为 1 m^2,垂直距离为 1 m 的相邻流体层,以 1 m/s 的速度作相对运动时所产生的内摩擦力。

(二)运动黏度

运动黏度则是液体在重力作用下流动时内摩擦力的量度。其数值为相同温度下液体的动力黏度与其密度之比,如下式:

---

① 牛顿型流体是指在所有剪切应力和速度梯度下,都显示恒定黏度的流体;反之,随剪切应力和速度梯度的变化其黏度也变化的流体,则称为非牛顿型流体。

$$\nu_t = \frac{\mu_t}{\rho_t}$$

式中：ν_t——油品在温度 t 时的运动黏度，m^2/s；

$\quad\quad \mu_t$——油品在温度 t 时的动力黏度，$Pa \cdot s$；

$\quad\quad \rho_t$——油品在温度 t 时的密度，kg/m^3。

实际生产中，常用 mm^2/s 作为油品运动黏度单位，$1\ m^2/s = 10^6\ mm^2/s$。

黏度与流体的化学组成密切相关。通常，当碳原子数相同时，各种烃类黏度大小排列的顺序是：正构烷烃＜异构烷烃＜芳香烃＜环烷烃，且黏度随环数的增加及异构程度的增大而增大。在油品中，环上碳原子在油料分子中所占比例越大，其黏度越大，表现为不同原油的相同馏分，含环状烃多（特性常数 K 值小）的油品比含烷烃多（K 值大）的具有更高的黏度（见表 3—5）。同类烃中，随相对分子质量的增大，分子间引力增大，则黏度也增大，故石油馏分越重，其黏度越大（见表 3—5）。我国轻柴油和车用柴油按牌号对 20 ℃的运动黏度有不同的要求，详见表 3—5。

表 3—5　不同类型原油一些馏分的运动黏度比较

序号	馏程/℃	大庆原油			羊三木原油		
		$\rho_{20}/(g/cm^3)$	K	$\nu_{50}/(mm^2/s)$	$\rho_{20}/(g/cm^3)$	K	$\nu_{50}/(mm^2/s)$
1	200～250	0.8039	11.90	11.90	0.8630	11.12	1.71
2	250～300	0.8167	12.08	12.08	0.8900	11.13	3.43
3	300～350	0.8283	12.28	12.28	0.9100	11.21	7.87
4	350～400	0.8368	12.49	12.49	0.9320	11.25	23.97
5	400～450	0.8574	12.57	12.57	0.9433	11.34	146.29

（三）条件黏度

条件黏度指采用不同的特定黏度计所测得的以条件单位表示的黏度，各国通常用的条件黏度有以下三种。

1. 恩氏黏度

恩氏黏度又称条件度，单位为°E。恩氏黏度表示与运动黏度成一定关系的值。在一定温度 t 下，从恩氏黏度计中流出 200 mL 液体所需时间与 20 ℃下流出同体积蒸馏水所需时间之比，即液体在温度 t 下的恩氏黏度。对给定黏度计，恩氏黏度是个常量，量纲为 1。恩氏黏度为相对黏度，为我国常用的相对黏度。在测量时必须指明是在什么温度下进行的，因为不同温度对应的恩氏黏度不同。

运动黏度与恩氏黏度的换算见表 3—6。

2. 赛氏黏度

赛氏黏度是一定量的试样，在规定温度下从赛氏黏度计流出 200 mL 所需的秒数，以"s"为单位。赛氏黏度又分为赛氏通用黏度和赛氏重油黏度两种。

3. 雷氏黏度

雷氏黏度是一定量的试样，在规定温度下从雷氏黏度计流出 50 mL 所需的秒数，以"s"为单位。雷氏黏度又分为雷氏 1 号（用 R_t 表示）和雷氏 2 号（用 RA_t 表示）两种。

上述三种条件黏度表示法,在欧美各国常用,我国常采用恩氏黏度计测定深色润滑油及残渣油,很少使用其余两种黏度计。三种条件黏度表示方法和单位各不相同,但它们之间的关系可通过图表进行换算。

表3-6 运动黏度与恩氏黏度(条件度)换算表

运动黏度/(mm²/s)	条件度/°E	运动黏度/(mm²/s)	条件度/°E	运动黏度/(mm²/s)	条件度/°E	运动黏度/(mm²/s)	条件度/°E	运动黏度/(mm²/s)	条件度/°E	运动黏度/(mm²/s)	条件度/°E
1.00	1.00	4.00	1.29	7.00	1.57	10.0	1.86	15.0	2.37	21.0	3.07
1.10	1.01	4.10	1.30	7.10	1.58	10.1	1.87	15.2	2.39	21.2	3.09
1.20	1.02	4.20	1.31	7.20	1.59	10.2	1.88	15.4	2.42	21.4	3.12
1.30	1.03	4.30	1.32	7.30	1.60	10.3	1.89	15.6	2.44	21.6	3.14
1.40	1.04	4.40	1.33	7.40	1.61	10.4	1.90	15.8	2.46	21.8	3.17
1.50	1.05	4.50	1.34	7.50	1.62	10.5	1.91	16.0	2.48	22.0	3.19
1.60	1.06	4.60	1.35	7.60	1.63	10.6	1.92	16.2	2.51	22.2	3.22
1.70	1.07	4.70	1.36	7.70	1.64	10.7	1.93	16.4	2.53	22.4	3.24
1.80	1.08	4.80	1.37	7.80	1.65	10.8	1.94	16.6	2.55	22.6	3.27
1.90	1.09	4.90	1.38	7.90	1.66	10.9	1.95	16.8	2.58	22.8	3.29
2.00	1.10	5.00	1.39	8.00	1.67	11.0	1.96	17.0	2.60	23.0	3.31
2.10	1.11	5.10	1.40	8.10	1.68	11.2	1.98	17.2	2.62	23.2	3.34
2.20	1.12	5.20	1.41	8.20	1.69	11.4	2.00	17.4	2.65	23.4	3.36
2.30	1.13	5.30	1.42	8.30	1.70	11.6	2.01	17.6	2.67	23.6	3.39
2.40	1.14	5.40	1.42	8.40	1.71	11.8	2.03	17.8	2.69	23.8	3.41
2.50	1.15	5.50	1.43	8.50	1.72	12.0	2.05	18.0	2.72	24.0	3.43
2.60	1.16	5.60	1.44	8.60	1.73	12.2	2.07	18.2	2.74	24.2	3.46
2.70	1.17	5.70	1.45	8.70	1.73	12.4	2.09	18.4	2.76	24.4	3.48
2.80	1.18	5.80	1.46	8.80	1.74	12.6	2.11	18.6	2.79	24.6	3.51
2.90	1.19	5.90	1.47	8.90	1.75	12.8	2.13	18.8	2.81	24.8	3.53
3.00	1.20	6.00	1.48	9.00	1.76	13.0	2.15	19.0	2.83	25.0	3.56
3.10	1.21	6.10	1.49	9.10	1.77	13.2	2.17	19.2	2.86	25.2	3.58
3.20	1.21	6.20	1.50	9.20	1.78	13.4	2.19	19.4	2.88	25.4	3.61
3.30	1.22	6.30	1.51	9.30	1.79	13.6	2.21	19.6	2.90	25.6	3.63
3.40	1.23	6.40	1.52	9.40	1.80	13.8	2.24	19.8	2.92	25.8	3.65
3.50	1.24	6.50	1.53	9.50	1.81	14.0	2.26	20.0	2.95	26.0	3.68
3.60	1.25	6.60	1.54	9.60	1.82	14.2	2.28	20.2	2.97	26.2	3.70
3.70	1.26	6.70	1.55	9.70	1.83	14.4	2.30	20.4	2.99	26.4	3.73
3.80	1.27	6.80	1.56	9.80	1.84	14.6	2.33	20.6	3.02	26.6	3.76
3.90	1.28	6.90	1.56	9.90	1.85	14.8	2.35	20.8	3.04	26.8	3.78
27.0	3.81	33.0	4.59	39.0	5.37	45.0	6.16	51.0	6.94	57.0	7.73
27.2	3.83	33.2	4.61	39.2	5.39	45.2	6.18	51.2	6.96	57.2	7.75
27.4	3.86	33.4	4.64	39.4	5.42	45.4	6.21	51.4	6.99	57.4	7.78
27.6	3.89	33.6	4.66	39.6	5.44	45.6	6.23	51.6	7.02	57.6	7.81
27.8	3.92	33.8	4.69	39.8	5.47	45.8	6.26	51.8	7.04	57.8	7.83
28.0	3.95	34.0	4.72	40.0	5.50	46.0	6.28	52.0	7.07	58.0	7.86
28.2	3.97	34.2	4.74	40.2	5.52	46.2	6.31	52.2	7.09	58.2	7.88
28.4	4.00	34.4	4.77	40.4	5.54	46.4	6.34	52.4	7.12	58.4	7.91
28.6	4.02	34.6	4.79	40.6	5.57	46.6	6.36	52.6	7.15	58.6	7.94
28.8	4.05	34.8	4.82	40.8	5.60	46.8	6.39	52.8	7.17	58.8	7.97

运动黏度/(mm²/s)	条件度/°E	运动黏度/(mm²/s)	条件度/°E	运动黏度/(mm²/s)	条件度/°E	运动黏度/(mm²/s)	条件度/°E	运动黏度/(mm²/s)	条件度/°E	运动黏度/(mm²/s)	条件度/°E
29.0	4.07	35.0	4.85	41.0	5.63	47.0	6.42	53.0	7.20	59.0	8.00
29.2	4.10	35.2	4.87	41.2	5.65	47.2	6.44	53.2	7.22	59.2	8.02
29.4	4.12	35.4	4.90	41.4	5.68	47.4	6.47	53.4	7.25	59.4	8.05
29.6	4.15	35.6	4.92	41.6	5.70	47.6	6.49	53.6	7.28	59.6	8.08
29.8	4.17	35.8	4.95	41.8	5.73	47.8	6.52	53.8	7.30	59.8	.8.10
30.0	4.20	36.0	4.98	42.0	5.76	48.0	6.55	54.0	7.33	60.0	8.13
30.2	4.22	36.2	5.00	42.2	5.78	48.2	6.57	54.2	7.35	60.2	8.15
30.4	4.25	36.4	5.03	42.4	5.81	48.4	6.60	54.4	7.38	60.4	8.18
30.6	4.27	36.6	5.05	42.6	5.84	48.6	6.62	54.6	7.41	60.6	8.21
30.8	4.30	36.8	5.08	42.8	5.86	48.8	6.65	54.8	7.44	60.8	8.23
31.0	4.33	37.0	5.11	43.0	5.89	49.0	6.68	55.0	7.47	61.0	8.26
31.2	4.35	37.2	5.13	43.2	5.92	49.2	6.70	55.2	7.49	61.2	8.28
31.4	4.38	37.4	5.16	43.4	5.95	49.4	6.73	55.4	7.52	61.4	8.31
31.6	4.41	37.6	5.18	43.6	5.97	49.6	6.76	55.6	7.55	61.6	8.34
31.8	4.43	37.8	5.21	43.8	6.00	49.8	6.78	55.8	7.57	61.8	8.37
32.0	4.46	38.0	5.24	44.0	6.02	50.0	6.81	56.0	7.60	62.0	8.40
32.2	4.48	38.2	5.26	44.2	6.05	50.2	6.83	56.2	7.62	62.2	8.42
32.4	4.51	38.4	5.29	44.4	6.08	50.4	6.86	56.4	7.65	62.4	8.45
32.6	4.54	38.6	5.31	44.6	6.10	50.6	6.89	56.6	7.68	62.6	8.48
32.8	4.56	38.8	5.34	44.8	6.13	50.8	6.91	56.8	7.70	62.8	8.50
63.0	8.53	67.0	9.06	71.0	9.61	75.0	10.2	95.0	12.8	115	16.5
63.2	8.55	67.2	9.08	71.2	9.63	76.0	10.3	96.0	13.0	116	15.7
63.4	8.58	67.4	9.11	71.4	9.66	77.0	10.4	97.0	13.1	117	15.8
63.6	8.60	67.6	9.14	71.6	9.69	78.0	10.5	98.0	13.2	118	16.0
63.8	8.63	67.8	9.17	71.8	9.72	79.0	10.7	99.0	13.4	119	16.1
64.0	8.66	68.0	9.20	72.0	9.75	80.0	10.8	100	13.5	120	16.2
64.2	8.68	68.2	9.22	72.2	9.77	81.0	10.9	101	13.6		
64.4	8.71	68.4	9.25	72.4	9.80	82.0	11.1	102	13.8		
64.6	8.74	68.6	9.28	72.6	9.82	83.0	11.2	103	13.9		
64.8	8.77	68.8	9.31	72.8	9.85	84.0	11.4	104	14.1		
65.0	8.80	69.0	9.34	73.0	9.88	85.0	11.5	105	14.2		
65.2	8.82	69.2	9.36	73.2	9.90	86.0	11.6	106	14.3		
65.4	8.85	69.4	9.39	73.4	9.83	87.0	11.8	107	14.5		
65.6	8.87	69.6	9.42	73.6	9.95	88.0	11.9	108.	14.6		
65.8	8.90	69.8	9.45	73.8	9.98	89.0	12.0	109	14.7		
66.0	8.93	70.0	9.48	74.0	10.0	90.0	12.2	110	14.9		
66.2	8.95	70.2	9.50	74.2	10.0	91.0	12.3	111	15.0		
66.4	8.98	70.4	9.53	74.4	10.1	92.0	12.4	112	15.1		
66.6	9.00	70.6	9.55	74.6	10.1	93.0	12.6	113	15.3		
66.8	9.03	70.8	9.58	74.8	10.1	94.0	12.7	114	15.4		

注:对于更高的运动黏度(mm²/s),需按下式计算:

$$E_t = 0.135\nu_t$$

式中:E_t——石油产品在温度 t 时的恩氏黏度,即条件度,°E;

ν_t——石油产品在温度 t 时的运动黏度,mm²/s。

[工作任务详述]

一、方法概要

本方法(中华人民共和国国家标准 GB/T 265—88)适用于测定液体石油产品(指牛顿液体)的运动黏度,其单位为 m^2/s;通常在实际中使用 mm^2/s 作为单位。动力黏度可由测得的运动黏度乘以液体的密度求得。本方法所测之液体剪切应力和剪切速率之比被认为是一常数,即黏度与剪切应力和剪切速率无关,这种液体称为牛顿液体。

本方法是在某一恒定的温度下,测定一定体积的液体在重力下流过一个标定好的玻璃毛细管黏度计的时间,黏度计的毛细管常数与流动时间的乘积,即该温度下测定液体的运动黏度。

二、准备工作

(1)试样含水或有机械杂质时,在试验前必须经过脱水处理,用滤纸过滤除去机械杂质。对于黏度大的润滑油,可以用瓷漏斗,利用水流泵或其他真空泵进行吸滤,也可以在加热至 50～100℃ 的温度下进行脱水过滤。

(2)在测定试样的黏度之前,必须将黏度计用溶剂油或石油醚洗涤,如果黏度计粘有污垢,则用铬酸洗液、水、蒸馏水或 95％乙醇依次洗涤。然后放入烘箱中烘干或用通过棉花滤过的热空气吹干。

(3)测定运动黏度时,在内径符合要求且清洁、干燥的毛细管黏度计内装入试样。如图 3—2 所示,在装试样之前,将橡皮管套在支管 7 上,并用手指堵住管身 6 的管口,同时倒置黏度计,然后将管身 1 插入装着试样的容器中;这时利用橡皮球、水流泵或其他真空泵将液体吸到标线 b,同时注意不要使管身 1、扩张部分 2 和 3 中的液体产生气泡和裂隙。当液面达到标线 b 时,就从容器里提起黏度计,并迅速恢复其正常状态,同时将管身 1 的管端外壁所沾着的多余试样擦去,并从支管 7 取下橡皮管套在管身 1 上。

(4)将装有试样的黏度计浸入事先准备妥当的恒温浴中,并用夹子将黏度计固定在支架上,在固定位置时,必须把毛细管黏度计的扩张部分 2 浸入一半。

温度计要利用另一只夹子来固定,务使水银球的位置接近毛细管中央点的水平面,并使温度计上要测温的刻度位于恒温浴的液面上 10 mm 处。

使用全浸式温度计时,如果它的测温刻度露出恒温浴的液面,就依照下式计算温度计液柱露出部分的补正数 Δt,才能准确地量出液体的温度:

$$\Delta t = kh(t_1 - t_2)$$

式中：k——常数 (对于水银温度计, $k = 0.00016$;对于酒精温度计, $k = 0.001$);

h——露出浴面的水银柱或酒精柱高度,用温度计的高度表示;

t_1——测定黏度时的规定温度,℃;

t_2—— 接近温度计液柱露出部分的空气温度,℃ (用另一支温度计测出)。

试验时取 t_1 减去 Δt 作为温度计上的温度读数。

三、试验步骤

(1) 将黏度计调整成垂直状态,要利用铅垂线从两个相互垂直的方向去检查毛细管的垂直情况。将恒温浴调整到规定的温度,把装好试样的黏度计浸在恒温浴内,恒温时间如表 3—7 所示。试验的温度必须保持恒定到 ±0.1 ℃。

表 3-7 黏度计在恒温浴中的恒温时间

试验温度/℃	恒温时间/min
80, 100	20
40, 50	15
20	10
-50~0	15

（2）利用毛细管黏度计管身 1 口所套着的橡皮管将试样吸入扩张部分 3，使试样液面稍高于标线 a，并且注意不要让毛细管和扩张部分 3 的液体产生气泡或裂隙。

（3）此时观察试样在管身中的流动情况，液面正好到达标线 a 时，开动秒表；液面正好流动到标线 b 时，停止秒表。

试样的液面在扩张部分 3 中流动时，注意恒温浴中正在搅拌的液体要保持恒定温度，而且扩张部分中不应出现气泡。

（4）对用秒表记录下来的流动时间，应重复测定至少四次，其中各次流动时间与其算术平均值的差数应符合如下的要求：在 15~100 ℃测定黏度时，这个差数不应超过算术平均值的 ±0.5%；在 -30~低于 15 ℃测定黏度时，这个差数不应超过算术平均值的 ±1.5%；在低于 -30 ℃测定黏度时，这个差数不应超过算术平均值的 ±2.5%。

然后，取不少于三次的流动时间所得的算术平均值作为试样的平均流动时间。

四、计算

（1）在温度 t 时，试样的运动黏度 ν_t（mm²/s）按下式计算：

$$\nu_t = c\tau_t$$

式中：c——黏度计常数，mm²/s²；

τ_t——试样的平均流动时间，s。

例：黏度计常数为 0.478 0 mm²/s²，试样在 50 ℃时的流动时间为 318.0、322.4、322.6 和 321.0 s，因此流动时间的算术平均值为

$$\tau_{50} = \frac{318.0 + 322.4 + 322.6 + 321.0}{4} = 321.0 \text{ s}$$

各次流动时间与平均流动时间的最大允许差数为 $\pm\frac{321.0 \times 0.5}{100} = \pm1.6$ s。

因为 318.0 s 与平均流动时间之差的绝对值已超过 1.6 s，所以这个读数应弃去。计算平均流动时间时，只采用 322.4、322.6 和 321.0 s 的观测读数，它们与算术平均值之差，都没有超过 1.6 s。

于是平均流动时间为

$$\tau_{50} = \frac{322.4 + 322.6 + 321.0}{3} = 322.0 \text{ s}$$

试样运动黏度测定结果为

$$\nu_{50} = c \cdot \tau_{50} = 0.478\,0 \times 322.0 = 154.0 \text{ mm}^2/\text{s}$$

（2）在温度 t 时，试样的动力黏度 μ_t 的计算如下。

①按 GB/T 1884《石油和液体石油产品密度测定法（密度计法）》和 GB/T 1885《石油计量换算表》测定试样在温度 t 时的密度 ρ_t（g/cm³）。

②在温度 t 时，试样的动力黏度 μ_t（mPa·s）按下式计算：

$$\mu_t = \nu_t \cdot \rho_t$$

式中：ν_t——在温度 t 时试样的运动黏度，mm²/s；

ρ_t——在温度 t 时试样的密度，g/cm³。

五、精密度

用下述规定来判断试验结果的可靠性（95％置信水平）。

同一操作者，用同一试样重复测定的两个结果之差，不应超过表 3-8 中的数值。

表 3-8　重复性要求

测定黏度的温度/℃	重复性
15～100	算术平均值的 1.0%
-30～<15	算术平均值的 3.0%
-60～<-30	算术平均值的 5.0%

当测定黏度的温度范围为 15～100 ℃时，由两个实验室提出的结果之差不应超过算术平均值的 2.2％。

六、报告

（1）黏度测定结果的数值，取四位有效数字。

（2）取重复测定两个结果的算术平均值作为试样的运动黏度或动力黏度。

七、考核评分标准

考核评分标准如表 3-9 所示。

表 3-9　"石油产品运动黏度测定"评分标准

序号	考核内容	考核要点	配分	评分标准	检测结果	扣分	得分	备注
1	准备	试样及黏度计的准备	30	未检查黏度计，扣 3 分				
				试样含水或机械杂质未除去，扣 5 分				
				恒温浴未恒定到（40±0.1）℃范围内，扣 2 分				
				选择黏度计内径不符合要求，扣 5 分				
				试样装入黏度计手法不正确，扣 5 分				
				黏度计外壁沾有试样，扣 2 分				
				将黏度计固定在恒温浴中，位置不准确，扣 3 分				
				温度计位置安装不正确，扣 5 分				

序号	考核内容	考核要点	配分	评分标准	检测结果	扣分	得分	备注
2	测定	测定过程	25	未用铅垂线将黏度计调成垂直状态,扣5分				
				试验温度波动大,时间不足或超时,扣5分				
				测定试样时产生气泡和裂隙,扣5分				
				液面位置读错,扣5分				
				记录时间错误,扣5分				
3	结果	计算结果并考察精密度	35	未按四次流动时间来计算其算术平均值,扣1分				
				各次流动时间与算术平均值差数不符合要求,扣4分				
				计算运动黏度时公式或计算错误,扣10分				
				重复性超过算术平均值的10%,扣5分				
				误差>算术平均值的2.2%,扣10分				
				误差>算术平均值的1.5%,扣3分				
				误差>算术平均值的0.8%,扣2分				
4	文明操作	清理桌面	10	未清洗温度计及其他玻璃器皿,扣5分				
				桌面未清理干净,扣5分				
合计			100					

工作任务三 石油产品水分的测定

[任务描述]

完成石油产品水分的测定。

[学习目标]

(1)掌握水分含量的计算和表示方法;

(2)掌握蒸馏法测定油品水分的操作技能。

[技能目标]

用蒸馏法正确进行油品水分的测定。

[所需仪器、试剂和材料]

(1)水分测定器(见图3—3):包括圆底玻璃烧瓶1(容量为500 mL)、接收器2(见图3—4)和直管式冷凝管3(长度为250~300 mm)。

水分测定器的各部分连接处,可以用磨口或软木塞连接(仲裁试验时必须用磨口连接)。接收器的刻度在0.3 mL以下设有十等分的刻线;0.3~1.0 mL之间设有七等分的刻线;1.0~10 mL之间每分度为0.2 mL。

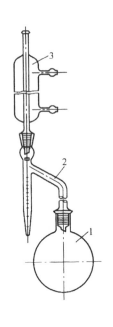

图 3-3 水分测定器

1—圆底烧瓶；2—接收器；3—冷凝管

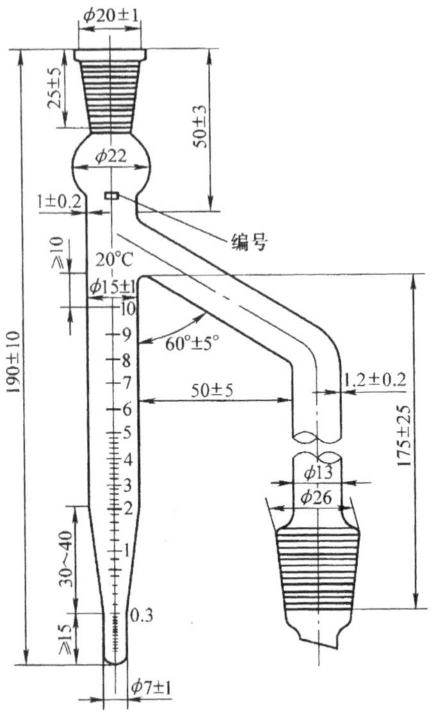

图 3-4 接收器

（2）溶剂：可选用工业溶剂油或直馏汽油在 80 ℃以上的馏分作为溶剂，在使用前必须脱水和过滤。

（3）无釉瓷片、浮石或一端封闭的玻璃毛细管，在使用前必须经过烘干处理。

[相关知识]

评价轻柴油和车用柴油清洁性的指标有水分、机械杂质、灰分和色度。

（一）水分

水分的存在将影响柴油的低温流动性，使柴油机运转不稳定，在低温时还可能因结冰而堵塞油路；同时，因溶解带入的无机盐将使柴油灰分增大，并加重硫化物对金属零件的腐蚀作用。所以，轻柴油和车用柴油严格规定水分为痕迹。

柴油水分的检验可用目测法，即将试样注入 100 mL 的玻璃量筒中，在室温（20±5）℃下静置后观察，试样应当透明，没有悬浮和沉降的水分。如有争议，可按 GB/T 260—77（88）《石油产品水分测定法》进行测定。该方法属于常量分析法，测定装置由蒸馏烧瓶、带刻度的接收器及冷凝管组成。

蒸馏法的测定原理是，将称量好的试样及一定体积的无水溶剂注入蒸馏烧瓶中，加热至沸腾，使溶剂汽化并将油品中的水分携带出去，通过接收器支管进入冷凝器中，冷凝回流后进入带刻度的接收器内。由于两者互不相溶，且水的密度比溶剂大，故在接收器内油水分层，水分沉入底部，而溶剂则连续不断地经接收器支管返回蒸馏烧瓶中，在不断加热的情况下，反复汽化、冷凝，直至接收器中水的体积不再增加为止。根据接收器内的水量及所取试样量，即可由下式计算出试样的含水质量分数：

$$\omega = \frac{V\rho}{m} \times 100\%$$

式中：ω——试样含水质量分数，%；

　　　V——接收器收集的水的体积，mL；

　　　ρ——水的密度，g/mL；

　　　m——试样的质量，g。

由于蒸馏法是一种常量测定法，因此只能测定含水量在0.03%以上的油品。当含水量少于0.03%时，认为是痕迹；如接收器中没有水，则认为试样无水。

无水溶剂的作用是降低试样黏度，避免含水试样沸腾时引起冲击和起泡现象，便于水分蒸出；蒸出的溶剂被不断冷凝回流到烧瓶内，可防止过热现象，便于将水分全部携带出来；如果测定润滑脂，溶剂还起溶解润滑脂的作用。

（二）机械杂质

柴油机的燃料供给系统中有许多精密配合的零件，例如，喷油泵的柱塞和柱塞套的间隙只有0.0015～0.0025 mm，喷油器的喷针和喷阀座的配合精度也很高，机械杂质不但会使高压油泵和喷油器磨损加重，而且还会堵塞喷油器及喷油孔，造成供油系统故障。因此，柴油中不允许机械杂质存在。

柴油机械杂质的检验可用目测法，方法与水分检验相同，要求没有悬浮和沉降的机械杂质存在。在有争议时，可按GB/T 511—88《石油产品和添加剂机械杂质测定法（称量法）》进行测定。

（三）灰分

灰分是油品在规定条件下灼烧后所剩的不燃物质，用质量分数表示。

灰分的来源主要是蒸馏不能除去的可溶性无机盐及油品精制时酸碱洗涤过程中，腐蚀设备生成的金属氧化物。灰分是不能燃烧的矿物质，呈粒状，非常坚硬，在发动机运转中起摩擦的磨料作用，是造成气缸壁与活塞环磨损的主要原因。

轻柴油和车用柴油中要求灰分不大于0.01%。其测定方法按GB/T 508—85（91）《石油产品灰分测定法》进行，该标准等同于ISO 6245—82。测定时，将试油加热燃烧，再强热灼烧，使其中的金属盐类分解或氧化为金属氧化物（灰渣），然后冷却并称量，以质量分数表示。

（四）色度

色度是在规定条件下，油品颜色最接近于某一色号的标准色板（色液）颜色时所测得的结果。色度的测定按GB/T 6540—86（91）《石油产品颜色测定法》进行，颜色越深，色号越大，则油品精制程度或储存安定性越差。轻柴油要求色度不大于3.5号。

[工作任务详述]

一、方法概要

本方法（中华人民共和国国家标准 GB/T 260—77）适用于测定石油产品中的水分含量。一定量的试样与无水溶剂混合，进行蒸馏，测定其水分含量并以质量分数表示。

二、试验步骤

（1）将装入量不超过瓶内容积 3/4 的试样摇动 5 min，混合均匀。黏稠的或含蜡的石油产品应预先加热至 40~50 ℃，再进行摇匀。

（2）向预先洗净并烘干的圆底烧瓶 1 中加入摇匀的试样 100 g，称准至 0.1 g。

用量筒取 100 mL 溶剂，注入圆底烧瓶中。将圆底烧瓶中的混合物仔细摇匀后，投入一些无釉瓷片、浮石或毛细管。

黏度小的试样可以用量筒量取 100 mL，注入圆底烧瓶中，再用这只未经洗涤的量筒量出 100 mL 的溶剂。圆底烧瓶中的试样质量等于试样的密度（g/mL）乘 100（mL）所得之积。

试样的水分超过 10% 时，试样的质量应酌量减少，要求蒸出的水不超过 10 mL。

（3）将洗净并烘干的接收器 2 的支管精密地安装在圆底烧瓶 1 上，使支管的斜口进入圆底烧瓶 15~20 mm。然后在接收器上连接直管式冷凝管 3。冷凝管的内壁要预先用棉花擦干。安装时，冷凝管与接收器的轴心线要互相重合，冷凝管下端的斜口切面要与接收器的支管管口相对。为了避免蒸汽逸出，应在塞子缝隙上涂抹火棉胶。进入冷凝管的水温与室温相差较大时，应在冷凝管的上端用棉花塞住，以免空气中的水蒸气进入冷凝管凝结。允许在冷凝管的上端外接一个干燥管，以免空气中的水蒸气进入冷凝管凝结。

（4）用电炉、酒精灯或调成小火焰的煤气灯加热圆底烧瓶，并控制回流速度，使冷凝管的斜口每秒滴下 2~4 滴液体。

（5）蒸馏将近完毕时，如果冷凝管内壁沾有水滴，应使圆底烧瓶中的混合物在短时间内进行剧烈沸腾，利用冷凝的溶剂将水滴尽量洗入接收器中。

（6）接收器中收集的水体积不再增加，而且溶剂的上层完全透明时，应停止加热。回流的时间不应超过 1 h。停止加热后，如果冷凝管内壁仍沾有水滴，应从冷凝管上端倒入所规定的溶剂，把水滴冲进接收器。如果溶剂冲洗依然无效，就用金属丝或细玻璃棒带有橡皮或塑料头的一端，把冷凝管内壁的水滴刮进接收器中。

（7）待圆底烧瓶冷却后，将仪器拆卸，读出接收器中收集水的体积。

当接收器中的溶剂呈现浑浊，而且管底收集的水不超过 0.3 mL 时，将接收器放入热水中浸 20~30 min，使溶剂澄清，再将接收器冷却到室温，读出管底收集水的体积。

三、计算

（1）试样的水分质量分数 X 按下式计算：

$$X = \frac{V}{m} \times 100\%$$

式中：V——在接收器中收集水的体积，mL；

m——试样的质量，g。

注：水在室温的相对密度可以视为 1，因此用水的毫升数作为水的克数。试样的质量为

（100±1）g 时，在接收器中收集水的毫升数，可以作为试样的水分质量分数测定结果。

（2）试样的水分体积分数 Y 按下式计算：

$$Y = \frac{V\rho}{m} \times 100\%$$

式中：V——接收器中收集水的体积，mL；

ρ——注入烧瓶时的试样的密度，g/mL；

m——试样的质量，g。

注：量取 100 mL 试样时，在接收器中收集水的毫升数，可以作为试样的水分体积分数测定结果。

四、精密度

在两次测定中，收集水的体积差数，不应超过接收器的一个刻度。

五、报告

（1）取两次测定的两个结果的算术平均值，作为试样的水分。

（2）试样的水分少于 0.03%，认为是痕迹；在仪器拆卸后接收器中没有水存在，认为试样无水。

六、考核评分标准

考核评分标准如表 3－10 所示。

表 3－10　"石油产品水分的测定"评分标准

序号	考核内容	考核要点	配分	评分标准	检测结果	扣分	得分	备注
1	准备	试样及仪器安装的准备	40	装入超过瓶内容积 3/4 的试样，扣 5 分				
				混合不均匀，扣 5 分				
				向预先洗净并烘干的圆底烧瓶加入摇匀的试样 100 g，操作不规范，扣 5 分				
				没有投入一些无釉瓷片、浮石或毛细管，扣 5 分				
				试样的水分超过 10% 时，试样的质量应酌量减少，蒸出的水超过 10 mL，扣 3 分				
				洗净并烘干的接收器的支管没有精密地安装在圆底烧瓶上，扣 5 分				
				支管的斜口没有进入圆底烧瓶 15～20 mm，扣 2 分				
				冷凝管的内壁没有预先用棉花擦干，扣 5 分				
				冷凝管与接收器的轴心线没有互相重合，扣 5 分				

序号	考核内容	考核要点	配分	评分标准	检测结果	扣分	得分	备注
2	测定	蒸馏过程	35	冷凝管下端的斜口切面没有与接收器的支管管口相对，扣5分				
				塞子缝隙上没有涂抹火棉胶，扣5分				
				回流速度不适当，扣2分				
				大部分水滴没有进入接收器中，扣10分				
				回流的时间超过1 h，扣3分				
				冷凝管内壁仍沾有水滴，扣10分				
3	结果	实验完毕报出结果	25	圆底烧瓶没有完全冷却就将仪器拆卸，扣10分				
				没有正确读出接收器中收集水的体积，扣10分				
				结果报出不详，扣5分				
合计			100					

工作任务四　石油产品硫含量的测定（燃灯法）

[任务描述]

用燃灯法测定石油产品硫含量。

[学习目标]

(1) 了解硫含量是评价柴油产品腐蚀性的重要指标；

(2) 掌握石油产品硫含量的测定方法。

[技能目标]

正确进行石油产品硫含量的测定。

[所需仪器、试剂和材料]

(1) 石油产品硫含量测定器（见图3—5）。

(2) 吸滤瓶：500～1 000 mL。

(3) 滴定管：25 mL。

(4) 吸量管：2、5和10 mL。

(5) 洗瓶。

(6) 水流泵或真空泵。

(7) 玻璃珠：直径5～6 mm（或短玻璃棒，长8～10 mm，直径5～6 mm）。

(8) 棉纱灯芯：带有灯芯管。

(9) 碳酸钠：分析纯，配成0.3%水溶液。

(10) 盐酸：分析纯，配成0.05 mol/L标准溶液。

(11) 指示剂：预先配制0.2%溴甲酚绿乙醇溶

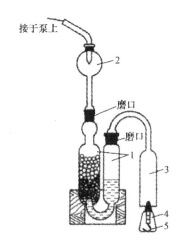

图3—5　石油产品硫含量测定器

1—吸收器；2—液滴收集器；3—烟道；

4—带有灯芯的燃烧灯；5—灯芯

液和 0.2％甲基红乙醇溶液。使用时，用 5 份体积的溴甲酚绿溶液和 1 份体积的甲基红溶液混合而成（酸性显红色，碱性显绿色）。

（12）95％乙醇：分析纯。

（13）标准正庚烷。

（14）样品：沸点范围 80～120 ℃，硫含量不超过 0.005％。

（15）石油醚：60～90 ℃，化学纯。

[相关知识]

柴油中的硫化物会引起油管、气缸、活塞环以及其他发动机部件的腐蚀，增加积炭的生成，进入曲轴箱使润滑油老化以及造成大气污染。轻柴油和车用柴油中硫含量要小，以保证发动机不被腐蚀。

柴油硫含量是指存在于油品中的硫及其衍生物的含量。硫及硫化物在柴油机中燃烧时生成的硫氧化物，不但腐蚀柴油机组件，而且还会对气缸壁上的润滑油和尚未燃烧的柴油起催化作用，加速烃类的聚合反应，使燃烧室、活塞顶和排气门等部位的胶状物和积炭增加。在有硫存在的条件下，积炭层会更加坚硬，不仅加剧机件磨损，而且清除困难。当气态硫氧化物进入曲轴箱时，遇水分将生成亚硫酸与硫酸，强烈腐蚀机件，同时也会加速润滑油老化变质。所以，对于柴油中的硫与硫醇性硫含量应严格限制。

轻柴油和车用柴油分别要求硫含量不大于 0.2％、0.05％，其测定方法与车用无铅汽油相同。

[工作任务详述]

一、方法概要

本方法（中华人民共和国国家标准 GB/T 380—77）适用于测定雷德蒸气压力不高于 600 mmHg（80.0 kPa）的轻质石油产品（汽油、煤油、柴油等）的硫含量。

二、准备工作

（1）硫含量的测定必须在空气流动的室内进行，但要避免剧烈的通风。

（2）仪器安装之前，将吸收器、液滴收集器及烟道仔细用蒸馏水洗净。灯及灯芯用石油醚洗涤并干燥。

（3）按下述步骤，将试样装入灯中。

①在灯上燃烧无烟的石油新产品，按下列量（无须预先称量）注入清洁、干燥的灯中：含微量硫（硫含量在 0.05％以下）的低沸点的产品（如航空汽油），其注入量为 4～5 mL；硫含量在 0.05％以上及高沸点的产品（如汽油、炼油），其注入量为 1.5～3 mL（具体数量视硫含量而定）。

②将灯用穿着灯芯的煤芯管塞上；灯芯的下端沿着灯的底部周围放置。当石油产品把灯芯浸润后，将灯芯管外的灯芯剪断，使之与灯芯管的上边齐平，然后把灯点燃，调整火焰，使其高度为 5～6 mm，随后把灯火熄灭，用灯罩将灯盖上，在分析天平上称量，称准至 0.000 4 g，依照同样方法将试样装入第二个灯中，将标准正庚烷或 95％乙醇或汽油（不必称量）装入作空白试验的第三个灯中。

③单独在灯中燃烧而发生浓烟的石油产品（含多量芳香烃或不饱和烃的高温裂解产品、催化裂化产品等）以及高沸点的石油产品（如柴油），则取 1～2 mL 注入预先连同灯

芯及灯罩一起称量（称准至 0.000 4 g）过的洁净、干燥的灯中。

④往灯内注入标准正庚烷或 95％乙醇或汽油，使成 1∶1 或 2∶1（体积比）的比例。必要时可使成 3∶1 的比例，使所组成的混合液在灯中燃烧的火焰不带烟。试样和注入标准正庚烷或 95％乙醇或汽油所组成的混合液总体积为 4～5 mL，依照同样的方法将试样装入第二个灯中，将标准正庚烷或 95％乙醇或汽油（不必称量）装入作空白试验的第三个灯中。

（4）用橡皮管将吸滤瓶与水流泵或真空泵连接起来，并将玻璃三通栓的一端穿过胶塞插入瓶颈中，另两端用橡皮管与吸收器相连。第三套吸收器也用橡皮管及玻璃弯管连接到吸滤瓶的胶塞上，以便三套仪器同时进行试验。往吸收器 1 的大容器里装入用蒸馏水小心洗涤过的玻璃珠或玻璃棒约达 2/3 高度，并用吸量管准确地注入 0.3％碳酸钠溶液 10 mL，用量筒注入蒸馏水 10 mL，在吸滤瓶与抽气泵及液滴收集器 2 与三通栓之间的橡皮管套上螺旋夹子。

三、试验步骤

（1）仪器装妥后，开动水流泵或真空泵，使空气全部自吸收器均匀而且和缓地通过，然后自灯 4 上取下灯罩，将所有灯点燃，放在各烟道 3 的下面，使灯芯管的边缘不高过烟道下边 8 mm 处，点灯时须用不含硫的火苗，例如酒精灯火苗（不许用火柴点灯）。每个灯火焰高度须调整为 6～8 mm。调整火焰高度时，用针挑拨里面的灯芯。在所有吸收器中，吸入空气的速度要保持均匀，并用螺旋夹调整，使火焰不带黑烟。

（2）如果是用标准正庚烷或 95％乙醇或汽油稀释过的试样，当燃尽后，再向灯中注入 1～2 mL 标准正庚烷或 95％乙醇或汽油，使其全部燃烧。

（3）试样燃尽后，将灯熄灭，盖上灯罩，经过 3～5 min 后，关闭水流泵或真空泵。

（4）拆开仪器并以洗瓶中的蒸馏水喷射洗涤液滴收集器、烟道及吸收器上部，将洗涤的蒸馏水收集于曾在其用 0.3％碳酸钠溶液吸收二氧化硫的吸收器中，在吸收器中加入 1～2 滴指示剂，如此时吸收器中的溶液呈红色，则认为此次试验无效，应重作试验，此时应减少燃烧的试样量。

（5）加入指示剂后，以 0.05 mol/L 盐酸溶液滴定，为了在滴定时搅拌溶液，在吸收器的玻璃管处接上橡皮管，并用橡皮球或泵对溶液进行打气或抽气搅拌。

先将空白试液（标准正庚烷或 95％乙醇或汽油燃烧后所生成物质的吸收）滴定至呈现红色为止，作为空白试验。然后滴定含有试样燃烧生成物的各溶液，当溶液呈现出与已滴定的空白试验所呈现的同样的红色时，滴定已到终点。

另用 0.3％碳酸钠溶液进行滴定，与空白试验比较，这两次所消耗 0.05 mol/L 盐酸溶液体积之差如超过 0.05 mL，则证明空气中已染有硫分，在此种情况下，该试验作废，待实验室通风后另行测定。

（6）试样的燃烧量依下法测定。燃烧未稀释的试样时，当燃烧完毕后，将灯放在分析天平上称量（称准至 0.000 4 g）并计算盛有试样的灯在试验前的质量与该灯在燃烧后的质量间的差数，作为试样的燃烧量。燃烧稀释过的试样时，计算盛有试样灯的质量与未装试样的清洁、干燥灯的质量间的差数，作为试样的燃烧量。

四、结果计算

试样的硫含量 X（％）按下式计算：

$$X = \frac{(V-V_1)\ K \times 0.0008}{m} \times 100\%$$

式中：V——滴定空白试液所消耗盐酸溶液的体积，mL；

V_1——滴定吸收试样燃烧生成物的溶液所消耗盐酸溶液的体积，mL；

K——换算 0.05 mol/L 盐酸溶液的修正系数；

0.000 8——单位体积 0.05 mol/L 盐酸溶液所相当的硫含量，g/mL；

m——试样的燃烧量，g。

五、精密度

重量测定两个结果间的差数，不应超过表 3—11 中所列数值。

表 3—11 精密度要求

硫含量/％	允许差数
≤0.1	0.006％
>0.1	最小测定值的 6％

六、考核评分标准

考核评分标准如表 3—12 所示。

表 3—12 "石油产品硫含量的测定（燃灯法）"评分标准

序号	考核内容	考核要点	配分	评分标准	检测结果	扣分	得分	备注
1	准备	试样及仪器安装的准备	30	仪器安装之前，未将吸收器、液滴收集器及烟道仔细用蒸馏水洗净，扣 5 分				
				分析天平上称量，称准不到 0.000 4 g，扣 5 分				
				往灯内注入标准正庚烷或 95％乙醇或汽油，比例不正确，扣 5 分				
				没作空白试验的第三个灯，扣 5 分				
				未用蒸馏水洗涤玻璃珠或玻璃棒，扣 5 分				
				未用吸量管准确地注入 0.3％碳酸钠溶液 10 mL，扣 5 分				
2	测定	测定过程	25	用火柴点灯，扣 5 分				
				火焰带黑烟，扣 5 分				
				试样燃尽后将灯熄灭，盖上灯罩未经过 3～5 min 后关闭水流泵或真空泵，扣 5 分				
				未在吸收器中加入 1～2 滴指示剂，扣 5 分				
				未作空白试验，扣 5 分				

序号	考核内容	考核要点	配分	评分标准	检测结果	扣分	得分	备注
3	结果	计算结果并考察精密度	35	未按四次结果来计算其算术平均值，扣5分				
				各次算术平均值差数不符合要求，扣5分				
				重复性超过算术平均值的10%，扣5分				
				误差＞算术平均值的2.2%，扣10分				
				误差＞算术平均值的1.5%，扣2分				
				误差＞算术平均值的0.8%，扣3分				
4	文明操作	清理桌面、量器具	10	未清洗温度计及其他玻璃器皿，扣5分				
				桌面未清理干净，扣5分				
合计			100					

[拓展知识]

一、轻柴油和车用柴油的选用

选用轻柴油和车用柴油所考虑的主要因素是使用时的环境温度。通常，根据各地风险率为10%的最低气温选择车用柴油的牌号，见表3—13。

表3—13　车用柴油选用表

车用柴油牌号	适用范围
10号	适用于有预热设备的柴油机
5号	适用于风险率为10%的最低气温在8℃以上的地区
0号	适用于风险率为10%的最低气温在4℃以上的地区
−10号	适用于风险率为10%的最低气温在−5℃以上的地区
−20号	适用于风险率为10%的最低气温在−14℃以上的地区
−35号	适用于风险率为10%的最低气温在−29℃以上的地区
−50号	适用于风险率为10%的最低气温在−44℃以上的地区

二、轻柴油和车用柴油使用注意事项

(1) 不同牌号的车用柴油可掺兑使用，因此，不需进行专门换季换油。

(2) 柴油中不能掺入汽油，否则着火性能将明显变差，导致启动困难，甚至不能启动。这是由于汽油的自燃点（约516℃）远高于车用柴油（约335℃）的缘故。作为改善柴油机低温启动性的启动燃料不能直接加注于柴油箱中，以免引起气阻甚至火灾。

(3) 柴油加入油箱前，必须经过72 h以上的静止沉降，并要仔细过滤，以避免杂质进入油箱，确保燃料供给系统精密零件不出故障，延长其使用寿命。

(4) 冬季使用桶装高凝点柴油时，不得用明火加热，以免爆炸。

[知识和技能考查]

1. 名词解释

(1) 闪点　　(2) 运动黏度　　(3) 凝点　　(4) 冷滤点　　(5) 灰分

2. 判断题（正确的画"√"，错误的画"×"）

（1）评价车用柴油的蒸发性指标主要有蒸气压、馏程和闪点。（　　）

（2）我国车用柴油按牌号，对20℃的运动黏度提出不同的要求。（　　）

（3）我国轻柴油和车用柴油按凝点划分牌号，如－20号车用柴油，其凝点不高于－20℃。（　　）

（4）评价车用柴油安定性的指标有实际胶质、诱导期、总不溶物和10％蒸余物残炭。（　　）

（5）蒸馏法测定油品水分时，停止加热后，如果冷凝管内壁仍沾有水滴，可用无水溶剂油冲洗，或用金属丝带有橡皮或塑料头的一端小心地将水滴推刮进接收器中。（　　）

3. 填空题

（1）用于＿＿＿＿（简称柴油机）做能源的石油燃料称为柴油。我国柴油主要分为＿＿＿＿和＿＿＿＿两类。

（2）我国轻柴油和车用柴油产品标记由＿＿＿＿、＿＿＿＿和＿＿＿＿三部分组成。例如，－10号轻柴油标记为＿＿＿＿。

（3）黏度是保证车用柴油正常＿＿＿＿、＿＿＿＿、＿＿＿＿及＿＿＿＿的重要质量指标。

（4）试样通过毛细管黏度计的流动时间要控制在不少于＿＿＿＿ s，内径为 0.4 mm 的黏度计流动时间不少于＿＿＿＿ s。

（5）测定水分时，无水溶剂的作用是＿＿＿＿，避免含水试样沸腾时引起冲击和起泡现象，便于水分蒸出；蒸出的溶剂被不断冷凝回流到烧瓶内，可防止＿＿＿＿，便于将水分全部携带出来。

（6）测定柴油运动黏度时，必须保持黏度计恒定在（20±＿＿＿＿）℃，达＿＿＿＿ min后再开始测定。

（7）燃灯法测定硫含量，是使油品中的含硫化合物转化为＿＿＿＿，并用碳酸钠溶液吸收，然后用＿＿＿＿滴定过剩的碳酸钠，进而计算试样中的硫含量。

4. 选择题（请将正确答案的序号填在括号内）

（1）10％蒸余物残炭测定时，使测定结果偏高的因素是（　　）。

A. 预热期加热强度过小　　　　　　　　B. 强热期过后取出坩埚过早

C. 燃烧期火焰过大　　　　　　　　　　D. 强热期少于 7 min

（2）下列不是评价轻柴油和车用柴油腐蚀性的指标为（　　）项。

A. 硫含量　　　　　B. 酸度　　　　　C. 博士试验　　　　　D. 铜片腐蚀

（3）蒸馏法测定油品水分时，应控制回流速率，使冷凝管斜口每秒滴下液体为（　　）。

A. 1～2 滴　　　　B. 2～4 滴　　　　C. 1～3 滴　　　　D. 3～5 滴

（4）试样水分小于（　　）时，被认为是痕迹。

A. 0.03％　　　　B. 0.01％　　　　C. 0.05％　　　　D. 0.1％

5. 计算题

某黏度计常数为 0.036 0 mm^2/s^2，在 20 ℃，试样的流动时间分别为218.0 s、222.4 s、222.6 和221.0 s，报告试样运动黏度的测定结果。

学习情境四　喷气燃料检验

工作任务一　喷气燃料密度的测定

[任力描述]

完成喷气燃料密度的测定。

[学习目标]

(1) 了解密度是石油产品燃烧性的评定指标；

(2) 掌握喷气燃料密度的测定方法。

[技能目标]

正确进行喷气燃料密度的测定。

[所需仪器、试剂和材料]

(1) 比重瓶：瓶颈上带有标线或毛细管磨口塞子、体积为 25 mL 的比重瓶有如图 4－1 所示的三种型式。

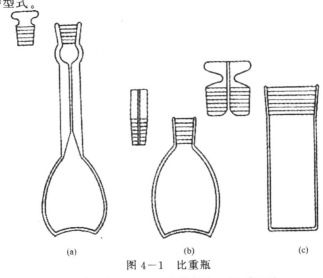

图 4－1　比重瓶

(a) 磨口塞型　　(b) 毛细管塞型　　(c) 广口型

①磨口塞型：上部为一磨口塞，中部为一毛细管。除黏性产品外，它对各种试样都适用，通常用于较易挥发的产品（如汽油等），它能防止试样的挥发。磨口塞型比重瓶有膨胀室，可用于室温高于测定温度的情况。

②毛细管塞型：上部为一带有毛细管的锥形塞。它适用于不易挥发的液体，如润滑油，但不适用于黏度太高的试样。

③广口型：上部为一带有毛细管的磨口塞。它适用于测定高黏度产品（如重油等）或固体产品。

(2) 恒温浴：深度大于比重瓶高度的水浴，能保持水浴温度控制在规定温度的 ±0.1 ℃以内。

(3) 温度计：0～50 ℃或 50～100 ℃，每分度为 0.1 ℃。

（4）比重瓶支架：能支持比重瓶，使其垂直于恒温浴的正确位置，可用金属或其他材料制成。

（5）铬酸洗液。

（6）洗涤用轻汽油或其他溶剂，用于洗涤比重瓶油污。

[相关知识]

一、喷气燃料种类及牌号

喷气燃料主要用于喷气式发动机，如军用飞机、民航飞机等。其生产过程是以原油常减压蒸馏所得的常一线馏分经脱硫、碱洗后，加抗氧剂、抗磨剂和抗静电剂而成。

我国喷气燃料分为五个牌号。其中，1号适用于寒冷地区；2号、3号适用于一般地区；3号广泛用于国际通航，供出口和过境飞机加油，前三个牌号均可用于军用飞机和民航飞机；4号馏分较宽（馏程为60～280 ℃），轻馏分较多，有利于启动点火，但不适于炎热地区，一般只用于军用飞机；高闪点喷气燃料（馏程为150～280 ℃，结晶点不高于－46 ℃，闪点不低于60 ℃，含芳烃体积分数不高于25％），专供海上舰载飞机使用。

二、喷气燃料规格

1. 规格标准

我国喷气燃料规格标准如下：GB 438—77（88）《1号喷气燃料》、GB 1788—79（88）《2号喷气燃料》、GB 6537—94《3号喷气燃料》、SH 0348—92《4号喷气燃料》和国家军用标准 GJB 506—88《高闪点喷气燃料》。

2. 技术要求

目前，我国生产的喷气燃料中，3号喷气燃料占95％以上，并将逐步取代闪点较低的1、2号喷气燃料。

1、2、3号喷气燃料的技术要求和试验方法见表4—1。

表 4－1　喷气燃料的技术要求和试验方法

项　　目		燃料代号及质量指标			试验方法
		1 号	2 号	3 号	
密度（20 ℃）/（kg/m³）	不大于	775	775	775～830	GB/T 1884 GB/T 1885
组成					
总酸值/（mg KOH/g）	不大于	—	—	0.015	GB/T 12574
酸度/（mg KOH/100 mL）	不大于	1.0	1.0	—	GB/T 258
碘值/（g I₂/100 g）	不大于	3.5	4.2	—	SH/T 0234
芳烃含量/%	不大于	20.0	20.0	20.0	SH/T 0177
烯烃含量/%	不大于	—	—	5.0	GB/T 11132
总硫含量/%	不大于	0.20	0.20	0.20	GB/T 380
硫醇性硫/%	不大于	0.005	0.002	0.002	GB/T 505
或博士试验	不大于			通过	SH/T 0174
挥发性					
馏程					
初馏点/℃	不高于	150	150	报告	GB/T 255
10%回收温度/℃	不高于	165	165	205	GB/T 6536①
20%回收温度/℃	不高于	—	—	报告	
50%回收温度/℃	不高于	195	195	232	
90%回收温度/℃	不高于	230	230	报告	
98%回收温度/℃	不高于	250	250	—	
终馏点/℃	不高于	—	—	300	
残留量/%	不大于	—	—	1.5	
损失量/%	不大于	—	—	1.5	
残留量及损失量/%	不大于	2.0	2.0	—	
闪点/℃	不低于	28	28	38	GB/T 261

项　目		燃料代号及质量指标			试验方法
		1 号	2 号	3 号	
流动性					GB/T 2430
冰点/℃	不高于	—	—	47	
结晶点/℃	不高于	−60	−50	—	GB/T 265
运动黏度/(mm²/s)					
20 ℃	不小于	1.25	1.25	1.25	
−20 ℃	不小于	—	—	8.0	
−40 ℃	不小于	8.0	8.0	—	
燃烧性					
净热值/(MJ/kg)	不小于	42.9	42.9	42.8	GB/T 384②
烟点/mm	不小于	25	25	25	GB/T 382
或烟点最小值为 20mm 时,					
萘系芳烃含量/%	不小于	3.0	3.0	3.0	SH/T 0181
或辉光值	不小于	45	45	45	GB/T 11128
腐蚀性					
铜片腐蚀（100℃，2 h）/级	不大于	1	1	1	GB/T 5096
银片腐蚀（50℃，2 h）/级	不大于	1	1	1	SH/T 0023
安定性					
热安定性（260℃，2.5 h）					
过滤器压力降/kPa	不大于	—	—	3.3	GB/T 9169
管壁评级		—	—	小于 3，且无孔雀蓝色或异常沉淀物	
洁净性					
实际胶质/(mg/100 mL)	不大于	5	5	7	GB/T 8019③
水反应					GB/T 1793
体积变化/mL	不大于	1	1	—	
界面情况/级	不大于	1b	1b	1b	
分离程度/级	不大于	实测	实测	报告	
固体颗粒污染物含量/(mg/L)		—	—	报告	SH/T 0093
机械杂质及水分		无	无		GB/T 511
导电性					
电导率（20 ℃）/(pS/m)		—	—	50～450④	GB/T 6539
外观		—	—	清澈透明，无不溶解水及悬浮物	目测⑤
颜色		—	—	报告	GB/T 3555

注：①允许用 GB/T 255 测定馏程，如有争议则以 GB/T 6536 测定结果为准。

②允许用 GB/T 2429《航空燃料净热热值计算法》计算，有争议时，以 GB/T 384 测定结果为准。

③允许用 GB/T 509 测定实际胶质，如有争议则以 GB/T 8019 测定结果为准。

④如燃料不要求加抗静电剂，对此项指标不作要求，燃料离厂时一般要求电导率大于 150 pS/m。

⑤将试样注入 100 mL 玻璃量筒中，在室温下观察，如有争议时，按 GB/T 511 和 GB/T 260 方法测定。

三、喷气燃料的燃烧性

喷气式发动机用于高空飞行器,这种发动机没有气缸,燃料在压力下连续喷入高速的空气流中,并迅速雾化,一经点燃便连续燃烧,并不像活塞式发动机那样,燃料的供应、燃烧间歇进行。该发动机工作原理的特殊性,决定其对燃料燃烧性能要求的特殊性。为使喷气式发动机正常工作,必须保证燃料在任何情况能连续、平稳、迅速和完全燃烧。因此,要求喷气燃料具有良好的燃烧性能,即热值高、密度大、燃烧迅速而完全、不产生积炭和有害物质等。喷气燃料的燃烧性主要用密度、净热值、烟点(或用萘系芳烃含量、辉光值等指标之一)来评价。

四、密度的测定

(一)密度和相对密度

1. 密度

单位体积物质的质量称为密度,符号 ρ,单位 g/mL 或 kg/m³。油品的密度与温度有关,通常用 ρ_t 表示温度 t 时油品的密度。我国规定 20 ℃时,石油及液体石油产品的密度为标准密度。

$$\rho_{20} = \rho_t + \gamma(t-20)$$

式中:ρ_{20}—— 油品在 20 ℃时的密度,g/mL;

ρ_t——油品在温度 t 时的密度,g/mL;

γ——油品密度的平均温度系数,即油品密度随温度的变化率,g/(mL·℃);

t——油品的温度,℃。

2. 相对密度

物质的相对密度是指物质在给定温度下的密度与规定温度下标准物质的密度之比。液体石油产品以纯水为标准物质,我国及东欧各国习惯用 20 ℃时油品的密度与 4 ℃时纯水的密度之比表示油品的相对密度,其符号用 d_4^{20} 表示,量纲为 1。由于水在 4 ℃时的密度等于 1 g/mL,因此液体石油产品的相对密度与密度在数值上相等。

(二)测定密度的意义

(1)计算油品性质。对容器中的油品,测出容积和密度,就可以计算其质量。利用喷气燃料的密度和质量热值,可以计算其体积热值。

(2)判断油品的质量。由于油品的密度与化学组成密切相关,因此根据相对密度可初步确定油品品种。

(3)影响燃料的使用性能。喷气燃料的能量特性用质量热值(MJ/kg)和体积热值(MJ/m³)表示。燃料的密度越小,其质量热值越高,因此对续航时间不长的歼击机而言,为尽可能减少飞机载荷,应使用质量热值高的燃料。相反,燃料的密度越大,其质量热值越小,但体积热值大,适于做远程飞行燃料,这样可减小油箱体积,降低飞行阻力。通常,在保证燃烧性能不变坏的条件下,喷气燃料的密度大一些较好。例如,我国 3 号喷气燃料要求密度(20 ℃)在 775～830 kg/m³ 范围内。

五、油品密度测定方法概述

测定液体石油产品密度的方法有密度计法和密度或相对密度测定法两种。生产分析中主要用密度计法。

(一)密度计法

用密度计法测定液体石油产品密度是按 GB/T 1884—2000《原油和液体石油产品密度

实验室测定法(密度计法)》标准试验方法进行的,该方法等效采用国际标准 ISO 3675—98。其理论依据是阿基米德原理。测定时将密度计垂直放入液体中,当密度计排开液体的质量等于其本身的质量时处于平衡状态。在密度计干管上,是以纯水在 4 ℃时的密度为1 g/mL作为标准刻制标度的,因此在其他温度下的测量值仅是密度计读数,并不是该温度下的密度,故称为视密度。测定后,要用 GB/T 1885 —98《石油计量表》把修正后的密度计读数(视密度)换算成标准密度。

根据 GB/T 1884—2000 的规定,密度计应符合 SH/T 0316—98《石油密度计技术条件》。按国际通行的方法,测定透明液体,读取液体下弯月面与密度计干管相切的刻度作为检定标准。对不透明试样,要读取液体上弯月面与密度计干管相切的刻度。再按表进行修正。石油密度计见图 4—2。

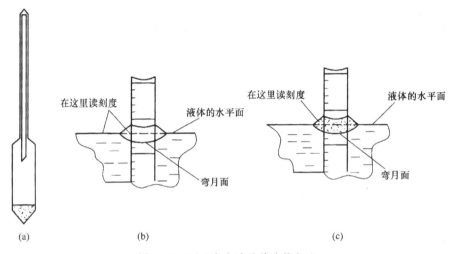

图 4—2　石油密度计及其读数方法
(a)密度计　(b)透明液体的读数方法　(c)不透明液体的读数方法

密度计法简便、迅速,但准确度受最小分度值及测试人员的视力限制,不可能太高。

(二)密度或相对密度测定法

密度或相对密度测定法测定石油和石油产品密度是按 GB/T 1337—92《原油和液体或固体石油产品密度或相对密度测定法(毛细管塞比重瓶和带刻度双毛细管比重瓶法)》标准试验方法进行的,该标准参照采用了国际标准 ISO 3838—83。

各种密度瓶在使用时首先要测定其水值。在恒定 20 ℃的条件下,分别对装满纯水前后的密度瓶准确称量,注意瓶体保持清洁、干燥,则后者与前者的质量之差称为密度瓶的水值。至少测定五次,取其平均值作为密度瓶的水值。

液体试样一般选择 25 mL 和 50 mL 的密度瓶,在恒定温度下注满试样,称其质量。

当测定温度为 20 ℃时,密度及相对密度按下式计算:

$$\rho_{20} = \frac{(m_{20} - m_0)\rho_c}{m_c - m_0} + C$$

$$d_4^{20} = \frac{\rho_{20}}{0.998\ 20}$$

式中:ρ_{20}——20 ℃时试样的密度,g/mL;

　　ρ_c——20 ℃时纯水的密度,g/mL;

m_{20}——20 ℃时盛试样的密度瓶在空气中的表观质量,g;

m_c——20 ℃时盛水的密度瓶在空气中的表观质量,g;

m_0——空密度瓶在空气中的质量,g;

d_4^{20}——20 ℃时试样的相对密度;

0.998 20——20 ℃时水的密度,g/mL;

C——空气浮力修正值,kg/m³。

固体或半固体试样,应选用广口型密度瓶,装入半瓶剪碎或熔化的试样,于干燥器中冷却至 20 ℃时称其质量,往瓶中注满纯水后,称量,按下式计算:

$$\rho_{20} = \frac{(m_1 - m_0)\rho_c}{(m_c - m_0) - (m_2 - m_1)} + C$$

式中:m_1——20 ℃时盛固体或半固体试样的密度瓶在空气中的表观质量,g;

m_2——20 ℃时盛固体或半固体试样和水的密度瓶在空气中的表观质量,g。

其他符号意义同前。

(三)问题与讨论

1. 密度计法测定密度

在接近或等于标准温度 20 ℃时最准确,在整个实验期间,若环境温度变化大于 2 ℃,要使用恒温浴,保证实验温度相差不超过 0.5 ℃。

测定温度前,必须搅拌试样,保证试样混合均匀,记录要准确到 0.1 ℃。放开密度计时应轻轻转动一下,要有充分时间静置,让气泡升到表面,并用滤纸除去。根据试样选用密度计,要规范读数操作。

2. 密度或相对密度测定法测定密度

要按规定方法对盛有试样的密度瓶水浴恒温 20 min,排出气泡盖好塞子,擦干外壁后再进行称量,以保证体积稳定。所有称量过程,环境温差不应超过 5 ℃。

测水值及固体和半固体试样时,要注入无空气水,即新煮沸并冷却至 18 ℃左右的纯水。密度瓶水值至少两年测定一次。对含水和机械杂质的试样,应除去水和机械杂质后再测定,固体和半固体试样需剪碎或熔化处理。

[工作任务详述]

一、方法概要

本方法(中华人民共和国国家标准 GB/T 2540—81)适用于测定液体或固体石油产品的密度,但不适合测定高挥发性液体(如液化石油气等)的密度。报告密度时要指明温度,在 20 ℃时的密度称标准密度,用 ρ_{20} 表示。

二、准备工作

(1)先清除比重瓶和塞子的油污,用铬酸洗液彻底清洗,然后用水清洗,再用蒸馏水冲洗并干燥。必要时可用过滤的干燥空气流清除痕迹的水分。

比重瓶应清洗到瓶的内、外壁上不挂水珠,水能从比重瓶内壁或毛细管塞内完全流出方可。

(2)比重瓶 20 ℃水值的测定。

将仔细洗涤、干燥好并冷却至室温的比重瓶称准至 0.000 2 g,得空比重瓶质量 m_1。用注射器将新煮沸并经冷却至 18～20 ℃的蒸馏水装满至比重瓶顶端,加上塞子,然后放入(20±0.1)℃的恒温水浴中,但不要浸没比重瓶或毛细管上端。

将上述装有蒸馏水的比重瓶在恒温浴中至少保持 30 min。待温度达到平衡,没有气泡,液面不再变动时,将过剩的水用滤纸吸去。对磨口塞比重瓶,擦去标线以上部分的试样后,盖上磨口塞。取出比重瓶。仔细用绸布将比重瓶外部擦干,称准至 0.000 2 g,得到装有水的比重瓶质量 m_2。比重瓶的 20 ℃水值 m_{20} 按下式计算:

$$m_{20} = m_2 - m_1$$

式中:m_{20}——比重瓶 20 ℃的水值,g;

m_2——装有 20 ℃水的比重瓶质量,g;

m_1——空比重瓶质量,g。

比重瓶的水值应测定 3~5 次,取其算术平均值作为该比重瓶的水值。

(3)如果需要测定温度 t 下的密度,可在所需温度 t 下测定比重瓶的水值 m_t,操作方法同(2)条。比重瓶温度 t 下的水值 m_t 应测定 3~5 次,取其算术平均值作为该比重瓶的水值。

(4)根据使用频率,一定时期后应重新测定比重瓶的水值。

(5)对明显含有水和机械杂质的试样应除去水和机械杂质,固体石油产品需要粉碎成小块。

三、试验步骤

(1)根据试样选择适当型号的比重瓶。将恒温浴调到所需的温度。

(2)将清洁、干燥的比重瓶称准至 0.000 2 g。

(3)将试样用注射器小心地装入已确定的比重瓶中,加上塞子,比重瓶浸入恒温浴直到顶部,注意不要浸没比重瓶塞或毛细管上端,在恒温浴中恒温时间不得少于 20 min,待温度达到平衡,没有气泡,试样表面不再变动时,将毛细管顶部(或毛细管中)过剩的试样用滤纸(或注射器)吸去,为磨口塞型比重瓶盖上磨口塞,取出比重瓶,仔细擦干其外部并称准至 0.000 2 g,得到装有试样的比重瓶质量 m_3。

(4)对固体或半固体试样,最好采用广口型比重瓶,加入半瓶试样,勿使瓶壁污浊。如试样为脆性固体(如沥青),则粉碎或熔融后装入,然后用加热、抽空等办法以除去气泡,冷却到接近 20 ℃。

将上述比重瓶称准至 0.000 2 g,得到装有半瓶试样的比重瓶质量 m_3,再用蒸馏水充满比重瓶,并放在 20 ℃的恒温水浴中,恒温时间不少于 20 min,待温度达到平衡,没有气泡,液面不再变动后,将毛细管顶部过剩的水用滤纸吸去,取出比重瓶,仔细擦干其外部并称准至 0.000 2 g,得到装有半瓶试样和水的比重瓶质量 m_4。

四、计算

(1)液体试样 20 ℃的密度 ρ_{20},按下式计算:

$$\rho_{20} = \frac{(m_3 - m_1)(0.998\ 20 - 0.001\ 2)}{m_{20}} + 0.6$$

式中:m_3—— 在 20 ℃时装有试样的比重瓶质量,g;

m_1——空比重瓶质量,g;

m_{20}——在 20 ℃时比重瓶的水值,g;

0.998 20——水在 20 ℃时的密度,g/cm³;

0.001 2—— 在 20 ℃、大气压为 760 mmHg(101.325 kPa)时的空气密度,g/cm³;

0.6 ——空气浮力修正值,kg/m³。

(2)固体或半固体试样的 20 ℃密度 ρ_{20},按下式计算:

$$\rho_{20} = \frac{(m_3 - m_1)(0.998\ 20 - 0.001\ 2)}{m_{20} - (m_4 - m_3)} + 0.6$$

式中：m_3——在 20 ℃时装有半瓶试样的比重瓶质量，g；

$\quad$ m_1——空比重瓶质量，g；

$\quad$ m_{20}——在 20 ℃时比重瓶的水值，g；

$\quad$ m_4——在 20 ℃时装有半瓶试样和水的比重瓶质量，g；

$\quad$ 0.998 20——水在 20 ℃时的密度，g/cm³；

$\quad$ 0.001 2——在 20 ℃，大气压为 760 mmHg(101.325 kPa)时的空气密度，g/cm³；

$\quad$ 0.6——空气浮力修正值，kg/m³。

(3)液体试样在温度 t 时的密度，按下式计算：

$$\rho_{20}=\frac{(m_3-m_1)(\delta-0.001\ 2)}{m_t}+0.6$$

式中：m_3——在温度 t 时装有试样的比重瓶质量，g；

$\quad$ m_1——空比重瓶质量，g；

$\quad$ m_t——在温度 t 时比重瓶水值(在温度 t 时装有水的比重瓶质量减去空比重瓶质量)，g；

$\quad$ δ——水在温度 t 时的密度，g/cm³；

$\quad$ 0.001 2——在 20 ℃、大气压为 760 mmHg(101.325 kPa)时的空气密度，g/cm³；

$\quad$ 0.6——空气浮力修正值，kg/m³。

五、精密度

重复测定两个结果之差不应超过表 4-2 中的数值。

表 4-2　精密度要求

试　样	允许差数/(g/cm³)
液体石油产品	0.000 4
固体或半固体石油产品	0.000 8

注：此精密度规定适用于 20 ℃，对温度 t 测定时的精密度未作规定。

六、报告

取重复测定两个结果的算术平均值作为测定结果。

七、考核评分标准

考核评分标准如表 4-3 所示。

表 4-3　"石油和液体石油产品密度的测定"评分标准

序号	考核内容	考核要点	配分	评分标准	检测结果	扣分	得分	备注
1	准备	试样的准备	30	未检查密度计，扣5分				
				未彻底清洗比重瓶，扣5分				
				比重瓶未干燥，扣5分				
				比重瓶内未装满蒸馏水，扣5分				
				磨口塞盖法不正确，扣10分				
2	测定	测定过程	30	选择比重瓶型号不当，扣5分				
				浸没比重瓶塞或毛细管上端，扣5分				
				未在水浴中平衡温度，扣10分				
				液面仍在变动就将毛细管顶部过剩的水吸去，扣10分				

序号	考核内容	考核要点	配分	评分标准	检测结果	扣分	得分	备注
3	结果	计算结果	25	密度计算错误,扣5分				
				精密度数值不在允许范围内,扣10分				
				未取两次结果算术平均值作为测定结果,扣10分				
4	文明操作	清理桌面、量器具	15	未清洗比重瓶及其他玻璃器皿,扣10分				
				桌面未清理干净,扣5分				
	合计		100					

工作任务二 喷气燃料酸度的测定

[任务描述]

完成喷气燃料酸度的测定。

[学习目标]

(1)了解酸度是喷气燃料腐蚀性的评定指标;

(2)掌握喷气燃料酸度的测定方法。

[技能目标]

正确进行喷气燃料酸度的测定。

[所需仪器和试剂]

(1)锥形烧瓶:250 mL。

(2)球形回流冷凝管:长约300 mm。

(3)量筒:25、50和100 mL。

(4)微量滴定管:2 mL,分度为0.02 mL;或5 mL,分度为0.05 mL。

(5)电热板或水浴。

(6)95%乙醇:分析纯。精制乙醇:用硝酸银和氢氧化钾溶液处理后,再经沉淀和蒸馏。

(7)氢氧化钾:分析纯,配成0.05 mol/L氢氧化钾乙醇溶液。

(8)碱性蓝6B:配制溶液时,称取碱性蓝1 g,称准至0.01 g。然后将它加入50 mL的煮沸的95%乙醇中,并在水浴中回流1 h,冷却后过滤。必要时,煮热的澄清滤液要用0.05 mol/L氢氧化钾乙醇溶液或0.05 mol/L盐酸溶液中和,直至加入1~2滴碱溶液能使指示剂溶液从蓝色变成浅红色,而在冷却后又能恢复成为蓝色为止,有些指示剂制品经过这样处理变色才灵敏。碱性蓝指示剂适用于测定深色的石油产品。

(9)酚酞:配成1%的酚酞乙醇溶液。酚酞指示剂适用于测定无色的石油产品或在滴定混合物中容易看出浅玫瑰红色的石油产品。

(10)甲酚红:配制溶液时,称取甲酚红0.1 g,称准至0.001 g。研细,溶于100 mL 95%乙醇中,并在水浴中煮沸回流5 min,趁热用0.05 mol/L氢氧化钾乙醇溶液滴定至甲酚红溶液由橘红色变为深红色,而在冷却后又能恢复成橘红色为止。

[相关知识]

一、喷气燃料的腐蚀性

喷气燃料的腐蚀性主要是由酸性物质、微量的硫化氢、硫醇及二硫化物等含硫化合物所引起的。主要是对油泵等精密部件的腐蚀和燃气的高温气相腐蚀。所谓高温气相腐蚀又称为烧蚀,其表现是被腐蚀表面被烧成麻坑状或表层起泡并呈鳞片状剥落。在使用中,要求喷气燃料腐蚀性小,不腐蚀油泵等精密部件。

评定喷气燃料腐蚀性指标的有铜片腐蚀、银片腐蚀、总硫含量、硫醇性硫或博士试验、酸度(或总酸值)等。

二、喷气燃料酸度的测定意义

酸度、总酸值都是用来衡量油品中酸性物质含量的指标。滴定 100 mL 试样到终点所需氢氧化钾的质量,称为酸度,用 mg KOH/100 mL 表示;滴定 1 g 试样到终点,所需要的氢氧化钾质量,称为总酸值(或称酸值),以 mg KOH/g 表示。

喷气燃料中的酸性物质主要为环烷酸、脂肪酸、酚类和酸性硫化物等,它们多为原油的固有成分,在炼制过程中没有完全脱尽,少部分是在石油炼制、运输、储存过程氧化生成的;若酸洗精制工艺条件控制不当,还可能有微量的无机酸存在。这些化合物虽然含量较少,但其危害性却很大,尤其是有水存在时,将产生强烈的电化学腐蚀,腐蚀生成的盐类可形成沉淀物,堵塞燃油系统,影响发动机正常运转;同时,生成的盐类还会加速油品的氧化变质。因此喷气燃料对酸性物质含量提出严格限制,例如,1、2 号喷气燃料要求酸度不大于 1.0 mg KOH/100 mL;3 号喷气燃料要求总酸值不大于 0.015 mg KOH/g。

三、喷气燃料酸度的测定方法

喷气燃料酸度的测定按 GB/T 258—77(88)《汽油、煤油、柴油酸度测定法》进行。该法属于微量化学滴定分析。主要仪器是微量滴定管。

测定时,先利用沸腾的乙醇溶液抽提试样中的酸性物质,再用已知浓度的氢氧化钾乙醇溶液进行滴定,通过酸碱指示剂颜色的改变来确定终点,由滴定消耗的氢氧化钾乙醇溶液体积计算试样的酸度。

其化学反应为

$$RCOOH + KOH \longrightarrow RCOOK + H_2O$$

这是由强碱滴定弱酸的中和反应,通常采用酚酞和碱性蓝 6B 做指示剂。因为用强碱滴定弱酸生成的盐醇解显弱碱性,在接近化学计量点时,加入最后一滴强碱溶液后,溶液的 pH 将大于 7,而酚酞和碱性蓝 6B 均在 pH 等于 8.4～9.8 的范围内变色,故可作为测定酸度的指示剂。

试样的酸度按下式计算:

$$X = \frac{100V/T}{V_1}$$

$$T = 56.1c$$

式中:X——试样的酸度,mg KOH/100 mL;

V——滴定时所消耗氢氧化钾乙醇溶液的体积,mL;

T——氢氧化钾乙醇溶液的滴定度,mg KOH/mL;

V_1——试样的体积,mL;

56.1——氢氧化钾的摩尔质量，g/mol；

c——氢氧化钾乙醇溶液的物质的量浓度，mol/L。

喷气燃料总酸值的测定按 GB/T 12574—90《喷气燃料总酸值测定法》进行，其基本原理与酸度的测定相似。

[工作任务详述]

一、方法概要

本方法[中华人民共和国国家标准 GB/T 258—77(88)]适用于测定未加乙基液的汽油、煤油和柴油的酸度。本方法是用沸腾的乙醇抽提试样中的有机酸，然后用氢氧化钾乙醇溶液进行滴定。中和 100 mL 石油产品所需氢氧化钾的毫克数称为酸度。

二、试验步骤

(1)取 95% 乙醇 50 mL 注入清洁无水的锥形烧瓶内。用装有回流冷凝管的软木塞塞住锥形烧瓶之后，将 95% 乙醇煮沸 5 min，除去溶解于其中的 CO_2。

(2)在煮沸过的 95% 乙醇中加入 0.5 mL 的碱性蓝溶液(或甲酚红溶液)后，在不断摇荡下趁热用 0.05 mol/L 氢氧化钾乙醇溶液使 95% 乙醇中和，直至锥形瓶中的混合物从蓝色变为浅红色(或从黄色变为紫红色)为止。

在煮沸过的 95% 乙醇中加入数滴酚酞溶液代替碱性蓝溶液(或甲酚红溶液)时，按同样方法中和至呈现浅玫瑰红色为止。

(3)将试样注入中和过的热的 95% 乙醇中，试样的数量为：汽油、煤油，50 mL；柴油，20 mL。均在(20±3)℃时取。在锥形烧瓶上装回流冷凝管之后，将锥形烧瓶中的混合物煮沸 5 min(对已加有碱性蓝溶液或甲酚红溶液的混合物，此时应再加入 0.5 mL 的碱性蓝溶液或甲酚红溶液)，在不断摇荡下趁热用 0.05 mol/L 氢氧化钾乙醇溶液滴定，直至 95% 乙醇层的碱性蓝溶液从蓝色变为浅红色(甲酚红溶液从黄色变为紫红色)为止，或直至 95% 乙醇层的酚酞溶液呈现浅玫瑰红色为止。

在每次滴定过程中，自锥形烧瓶停止加热到滴定达到终点，所经过的时间不应超过 3 min。

三、精密度

重复测定两个结果间的差数，不应超过表 4-4 中的数值。

表 4-4　精密度要求

试样名称	允许差数/(mg KOH/100 mL)
汽油、煤油	0.15
柴油	0.3

四、报告

取重复测定两个结果的算术平均值，作为试样的酸度。

五、影响测定的主要因素

(一)指示剂用量

每次测定所加的指示剂要按标准规定的用量加入，以免引起滴定误差。通常用于测定试样酸度(值)的指示剂多为弱酸性有机化合物，本身会消耗碱性溶液，如果指示剂用量多于规定用量，测定结果将偏高。

（二）煮沸条件的控制

试验过程中,待测试样按规定要煮沸两次(各 5 min),并要求迅速进行滴定(在 3 min 内完成),其目的是为了提高抽提效率和减少 CO_2 对测定结果的影响。CO_2 在乙醇中的溶解度比在水中大 3 倍,不赶走 CO_2,将使测定结果偏高;要求趁热滴定,并在 3 min 内完成,同时为了防止 CO_2 的溶解,保证测定结果的准确性。

（三）滴定操作

滴定至终点附近时,应逐滴加入碱液,快到终点时,要采取半滴操作,以减少滴定误差。

（四）滴定终点的确定

滴定终点的准确判断,对测定结果有很大的影响。用酚酞做指示剂滴定至乙醇层显浅玫瑰红色为止;用甲酚红做指示剂滴定至乙醇层由黄色变为紫红色为止;用碱性蓝 6B 做指示剂滴定至乙醇层由蓝色变为浅红色为止。对于滴定终点颜色变化不明显的试样,可滴定到混合溶液的原有颜色开始明显改变时为止。

六、考核评分标准

考核评分标准如表 4－5 所示。

表 4－5 "喷气燃料酸度的测定"评分标准

序号	考核内容	考核要点	配分	评分标准	检测结果	扣分	得分	备注
1	准备	试样及微量滴定管的准备	30	微量滴定管清洗不干净,扣 3 分				
				滴定管未润洗,扣 2 分				
				锥形烧瓶不干净、不干燥,扣 5 分				
				试样未注满到环状标记处,扣 5 分				
				未选择合适的指示剂,扣 5 分				
				95%乙醇未煮沸,扣 5 分				
				未检定过试验时的大气压力,扣 5 分				
2	测定	分析测定	50	滴定操作不规范,扣 20 分				
				滴定时未进行充分振荡,扣 5 分				
				未趁热滴定,扣 5 分				
				滴定终点未控制合适,扣 20 分				
3	结果	结果考察	20	未选择合适的公式计算样品酸度,扣 10 分				
				(汽油、煤油)误差＞0.15 mg KOH/100 mL,扣 5 分				
				(柴油)误差＞0.3 mg KOH/100 mL,扣 5 分				
	合计		100					

工作任务三　喷气燃料冰点的测定

[任务描述]

完成喷气燃料冰点的测定。

[学习目标]

(1)掌握喷气燃料冰点的测定原理;

(2)掌握喷气燃料冰点的测定方法及技巧。

[技能目标]

正确进行喷气燃料冰点的测定。

[所需仪器和试剂]

(1)双壁玻璃试管:如图4-3所示,在内外管之间的空间充满常压的干燥氮气或空气。管口用软木塞塞紧,将温度计和压帽插入软木塞内,搅拌器穿过压帽。

(2)压帽:在低温试验时,为防止空气中湿气在样品管中冷凝,必须安装如图4-4所示的压帽。压帽紧密地插入软木塞内,用脱脂棉填充黄铜管和搅拌器之间的空间。

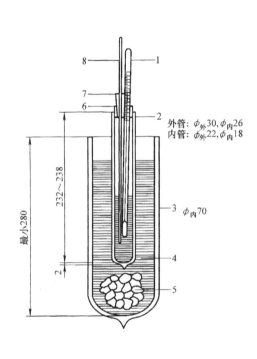

图4-3 航空燃料冰点测定仪

1—温度计;2—双壁玻璃试管;3—不镀银或不镀水银的真空保温瓶;

4—冷却液;5—干冰;6—软木塞;7—压帽;8—搅拌器

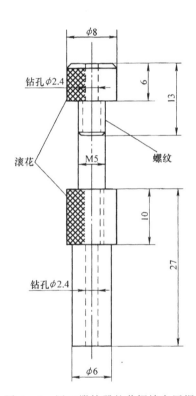

图4-4 用于搅拌器的黄铜填充压帽

(3)防潮管:A型、B型防潮管分别如图4-5和图4-6所示。为防止湿气冷凝,也可以使用这两种管子代替压帽。

如图4-5所示,硼硅玻璃防潮管从C端插入装有温度计的两孔软木塞中,然后将搅拌器通过管的B、C孔,并延伸到超过A。把这个部件加到冰点管上。在把冰点管放入冷浴之前,用干燥空气或氮气从D处进入、从A处出去冲洗防潮管。空气通过串联的U形管被有效地干燥,一个U形管是用无水硫酸钙或硅胶脱水剂填充的;另一个是用涂有五氧化二磷的玻璃小球填充的。在整个测定期间,防潮管空气以此方式连续通过。通常使用干燥氮气更方便。

如图4-6所示,硼硅玻璃防潮管的下部直到BC上端距B点5 mm内,用无水硫酸钙或筛孔直径接近于1.7 mm的硅胶填充。装好搅拌器,在接合处,用被同样干燥剂浸过的玻璃毛填充到A端。填充的玻璃毛每作三次或四次试验应更换。

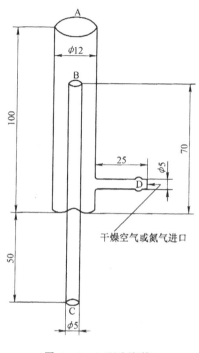

图4-5　A型防潮管

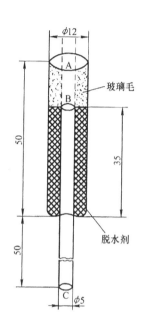

图4-6　B型防潮管

(4)搅拌器:搅拌器是一个在下端平滑地弯成三圈螺旋的直径约为1.6 mm的黄铜棒。

(5)不镀水银的广口保温瓶胆(见图4-3):其容积应足以容纳所需体积的冷却液,并能使双壁试管浸入规定的深度。

(6)温度计:全浸式,符合表4-6所列规格。

表4-6　温度计规格

温度范围	−80~20 ℃	浸入深度	全浸
最小分度	0.5 ℃	每一个较长刻线	1和5 ℃
刻度数字	每5 ℃一个	刻度误差不超过	1 ℃
膨胀室允许加热到	45 ℃	全长	(300±10)mm
杆直径	5.5~8.0 mm	球长度	8~16 mm
球直径	不大于杆	从球顶到0 ℃刻线的距离	最大 220 mm
球形状	圆柱形	刻度部分的长度	170~210 mm
顶部加工	平的或环形		

注:①应该用染上红色耐久染料的甲苯或其他适合的液体作为膨胀液体。液体上面的填充物在压力下应是气体。
　　②在0 ℃、−40 ℃、−60 ℃、−75 ℃下校验温度计的准确度时,修正值应该加到试验读数上。

(7)无水硫酸钙或硅胶。

(8)五氧化二磷:化学纯。

(9)乙醇:工业用。

(10)氮气。

(11)干冰。

[相关知识]

冰点系指油品被冷却所形成的蜡结晶,再升温时,其结晶点消失的最低温度,单位为℃。

[工作任务详述]

一、方法概要

本方法(中华人民共和国国家标准 GB/T 2430—81)适用于测定喷气燃料的冰点。在测定条件下,试样出现结晶后,再使其升温,原来形成的烃类结晶消失时的最低温度即冰点。

本标准系参考 ISO 3013—1974《航空燃料冰点的测定》建立的。取 25 mL 试样倒入洁净、干燥的双壁试管中,装好搅拌器及温度计,将双壁试管放入有冷却介质的保温瓶中,不断搅拌试样使其温度下降,直至试管中开始呈现为肉眼能看见的晶体,然后从冷浴中取出双壁试管,使试样慢慢地升温,并连续不断地搅拌试样,直至烃类结晶完全消失时的最低温度作为冰点。

二、试验步骤

(1)量取 25 mL 试样倒入清洁、干燥的双壁试管中。用带有搅拌器的软木塞紧紧地塞住双壁试管,并调节温度计位置,使温度计水银球位于试样的中心。向搅拌器内滴入 1 滴乙醇以润湿填充压帽,尽可能地使搅拌器平滑运动。

(2)夹紧双壁试管,将其放入盛有冷却介质的保温瓶中。加干冰,在整个试验期间使保温瓶中冷剂液面高于试样液面。可用干冰冷却液体(如内酮或乙醇)做冷剂,也可以用液氮代替干冰冷却液体,或使用机械制冷装置。

(3)除观察时,整个试验期间要连续不断地搅拌试样。在搅拌时,注意不要使搅拌器的圈露出燃料表面。如果在−10 ℃左右出现云状物,并且继续降温时云状物不再严重,则是有水存在的缘故,可不必考虑。当试验中开始呈现为肉眼所能看见的晶体时,记录烃类结晶出现的温度作为结晶点。从冷却介质中取出双壁试管,使试样慢慢地升温,同时连续不断地搅拌试样,记录烃类结晶完全消失的最低温度作为冰点。如果测定结晶点和冰点之差大于 3 ℃,重复冷却和升温,直到其差值小于 3 ℃为止。当报告烃类结晶完全消失的最低温度(即冰点)时,要加上所用温度计的修正值,准确到 0.5 ℃作为冰点。如果已知燃料的预期冰点,在温度达到预期冰点的 10 ℃以前,进行间断搅拌即可。但在此之后,必须连续搅拌,可以使用机械搅拌装置。发现有碍烃类结晶观测的现象,如果是由于不溶解水的影响,则试样注入试管之前,应通过无水硫酸钠干燥。

三、报告

取重复测定两次结果的算术平均值,作为本试样的测定结果。

四、考核评分标准

考核评分标准如表4—7所示。

表 4-7 "喷气燃料冰点的测定"评分标准

序号	考核内容	考核要点	配分	评分标准	检测结果	扣分	得分	备注
1	准备	试样及仪器的准备	40	双壁试管没有清洁、干燥,扣5分				
				带有搅拌器的软木塞没有紧紧地塞住双壁试管,扣5分				
				锥形烧瓶不干净、不干燥,扣5分				
				温度计位置不正确,扣5分				
				未向搅拌器内滴入一滴乙醇,扣5分				
				没有夹紧双壁试管,扣5分				
				未加干冰,扣10分				
2	测定	分析测定	30	整个试验期间没有连续不断地搅拌试样,扣10分				
				搅拌时,搅拌器的圈露出燃料表面,扣5分				
				云状物处理不正确,扣5分				
				烃类结晶出现的温度没有读做结晶点,扣10分				
3	结果	结果考察	30	实验完成后没有使试样慢慢地升温,同时连续不断地搅拌试样,扣10分				
				冰点记录不正确,扣10分				
				没有准确到0.5℃作为冰点,扣10分				
	合计		100					

[知识和技能考查]

1. 填空题

(1)密度计法测定_____密度时,应选择合适的密度计慢慢地放入试样中,轻轻_____一下,放开,使其离开量筒壁,自由漂浮至静止状态。再将密度计压入液体中约_____刻度,放开,待其稳定后先使眼睛稍_____液面位置,慢慢地_____到表面,先看到一个不正的椭圆,然后变成一条与密度计刻度相切的直线,则以读取液体_____弯月面与密度计干管相切的刻度作为检定标准。

(2)喷气燃料质量标准中规定的 20 ℃、-20 ℃(或-40 ℃)运动黏度分别对应燃料_____和_____中的黏度。

(3)评价喷气燃料清洁性的指标有_____、_____、_____、_____和_____。

(4)测定酸度时,利用沸腾的_____溶液抽提试样中的_____物质,再用已知浓度的_____乙醇标准滴定溶液进行滴定,通过酸碱指示剂颜色的改变来确定终点,由滴定消耗的标准滴定溶液体积计算试样的酸度。

(5)测定油品密度时,若试验前后温度相差大于_____℃,应重新读取密度和温度。

2. 选择题(请将正确答案的序号填在括号内)

(1)密度计法测定密度时,测定温度前,必须搅拌试样,保证混合均匀,温度记录要准确到( )。

A. 0.5 ℃   B. 1 ℃   C. 0.2 ℃   D. 0.1 ℃

(2)油品中溶解水的数量与其化学组成有关,下列各种烃类对水的溶解度最大的是( )。

A. 烯烃   B. 环烷烃   C. 芳烃   D. 烷烃

(3)密度计法测定透明低黏度试样时,两次结果之差不应超过( )。

A. 0.000 2 g/mL   B. 0.000 5 g/mL

C. 0.000 1 g/mL   D. 0.000 6 g/mL

(4)测定酸度时,量取试样前,油温应为( )。

A. (20±5)℃   B. (20±0.5)℃   C. (20±3)℃   D. (20±1)℃

(5)测定酸度时,滴定过程中,自锥形烧瓶停止加热到滴定达到终点所经过的时间不应超过( )。

A. 2 min   B. 3 min   C. 5 min   D. 10 min

3. 计算题

(1)用 SY−05 型密度计测得某油品的密度为 820 kg/m³,则试样为透明液体和试样为不透明液体两种情况下其测定结果应如何报出?

(2)在 28 ℃下,测得某油品的密度为 859.1 kg/m³,试求该油品在 20 ℃时的密度。

学习情境五　　润滑油检验

工作任务一　石油产品凝点的测定

[任务描述]

完成石油产品凝点的测定。

[知识目标]

(1)了解凝点是石油产品低温流动性的评定指标;

(2)掌握石油产品凝点的测定方法。

[技能目标]

正确进行石油产品凝点的测定。

[所需仪器和试剂]

(1)圆底试管:高度(160 ± 10)mm,内径(20 ± 1)mm,在距管底 30 mm 的外壁处有一环标线。

(2)圆底的玻璃套管:高度(130 ± 10)mm,内径(40 ± 2)mm。

(3)装冷却剂用的广口保温瓶或筒形容器:高度不小于 160 mm,内径不小于 120 mm,可以用陶瓷、玻璃、木材或带有绝缘层的铁片制成。

(4)水银温度计:符合 GB/T 514《石油产品试验用液体温度计技术条件》的规定,供测定凝点高于-35 ℃的石油产品使用。

(5)液体温度计:符合 GB/T 514 的规定,供测定凝点低于-35 ℃的石油产品使用。

(6)任何型式的温度计:供测量冷却剂温度用。

(7)支架:有能固定套管、冷却剂容器和温度计的装置。

(8)水浴。

(9)冷却剂:试验温度在 0 ℃以上用水和冰;在$-20\sim0$ ℃用盐和碎冰或雪;在-20 ℃以下用工业乙醇(溶剂汽油、直馏的低凝点汽油或直馏的低凝点煤油)和干冰(固体二氧化碳)。

(10)无水乙醇:化学纯。

[相关知识]

一、润滑油概述

润滑油及有关产品共分为 19 组,而产量多、用途广的有内燃机油、齿轮油、液压油、汽轮机油和电器用油等五组。其中,内燃机油用量最多,约占润滑油总量的 50%,广泛应用于汽车、内燃机车、摩托车、施工机具、船舶等移动式与其他固定式发动机中。本任务仅以内燃机油为例,介绍润滑油的基础知识和常见评价指标。

二、内燃机油的组成

用于内燃式发动机的润滑油称为内燃机润滑油,简称内燃机油、发动机油和曲轴箱油。内燃机油是以适度精制的矿物油(以石油为原料,经分馏、精制和脱蜡等加工过程得到的润滑油料)或合成油(通过有机合成的方法制备的润滑油料)为基础油,加上适量添加剂调和而成的。

我国内燃机油的基础油 90％以上为矿物油,合成油的应用比较少。实践证明,石蜡基基础油和中间基基础油调和而成的各种性能、级别的内燃机油,包括中、高档内燃机油的质量,均可满足国产和进口车辆以及各种柴油机的使用要求。尽管如此,由于合成基础油具有矿物油所不及的优越性(如杂质少、闪点高、凝点低等),因此近年来在生产高档内燃机油时,开始越来越多地采用合成基础油。我国根据原油性质和黏度指数,将润滑油基础油分为很高(VHVI)、高(HVI)、中(MVI)和低(LVI)黏度指数四类。按调制多级内燃机油的需要,还制定了高黏度指数低凝点(HVIW)和中黏度指数低凝点(MVIW)基础油标准。

油品添加剂是指那些加入油品中能改善和提高油品使用性能的物质。内燃机油中常使用的添加剂有清净分散剂、抗氧抗腐剂、抗磨剂、增黏剂、降凝剂、黏度指数改进剂、抗泡剂和防锈剂等,且多为复合添加剂。添加剂的用量随润滑油类型和使用要求的不同而异,添加剂添加过多也会影响润滑油质量。

三、内燃机油的作用

内燃机需要内燃机油的可靠润滑才能确保其正常工作。内燃机油的主要作用如下。

(一)润滑作用

发动机运转时,许多机件都存在着相互接触,如果得不到有效润滑,就会发生干摩擦。这不仅会降低发动机功率,而且还会使摩擦表面的金属熔化、磨损,甚至使机件卡死,造成严重的机械事故。

润滑作用是用润滑油将摩擦表面隔开,形成液体摩擦,以减少摩擦阻力和机件的磨损。润滑油在金属表面上保持一层紧密牢固油膜的能力,称为润滑性或油性。现代发动机的设计都有一整套完整的润滑系统,通过油泵、滤清装置、冷却装置及润滑管道,采取强制循环或飞溅等方法,将内燃机油送到各个摩擦点,形成油膜,以保证机件得到可靠润滑。

(二)冷却作用

发动机在工作时,产生大量的热。为使发动机正常工作,必须对发动机进行有效的散热,使之达到热平衡。内燃机油的冷却作用表现在发动机工作时,内燃机油不断地从气缸、活塞、曲轴等摩擦表面吸取热量,一部分热量传导向温度较低的零件,另一部分热量随着内燃机油的循环而消散在曲轴箱中。

相对而言,内燃机油的热传导性较差,其之所以能在发动机中起到冷却作用,关键在于单位时间内的流量很大,且直接作用于摩擦表面。显然,黏度小的内燃机油循环流动快,冷却效果好。

(三)洗涤作用

发动机在工作时吸入的新鲜空气,虽然经过空气滤清器滤清,仍会带进一些砂土、灰尘;而燃料燃烧后还会形成炭质物;内燃机油被氧化后,会生成胶状物;机件磨损可产生金属屑。所有这些均会沉积在摩擦表面上。如果不将其清洗除去,就会加剧机件磨损;同时胶状物还会黏结卡死活塞环,致使发动机不能正常运转。

内燃机油在润滑循环过程中能将摩擦表面的杂质带走,送至曲轴箱中,并通过机油滤清器将杂质滤出,从而起到洗涤作用。低黏度内燃机油循环流动快,洗涤作用较好。

（四）密封作用

发动机各机件之间都有一定的间隙。如果没有间隙，活塞与气缸、活塞环与环槽就不能作相对运动。有了间隙，就带来了密封性问题，若气缸与活塞间的密封性差，燃烧室就会漏气，其结果是使气缸内有效压力降低，从而降低发动机的有效输出功率。同时废气还会窜进曲轴箱，造成内燃机油的稀释和污染。

内燃机油在活塞与气缸壁之间形成的油层，具有密封作用，可保证活塞与气缸壁之间不漏气，也防止废气窜进曲轴箱。通常，高黏度内燃机油具有更好的密封作用。

（五）保护作用

发动机中的金属表面经常与空气、水蒸气和燃气等腐蚀性气体相接触，极易受到腐蚀，如果金属表面经常保持一层内燃机油油膜，就能使金属表面与腐蚀性气体隔开，保护金属，使其减少或避免腐蚀。

四、内燃机油分类

我国内燃机油的性能分类（或称用途分类）按 GB/T 7631.3—1995《内燃机油分类》进行，该标准是参照 API 分类方法制定的，其使用性能按顺序逐级提高，依次反映了汽车发动机在不同年代其性能、结构发展的不同要求，并依照内燃机热负荷、机械负荷大小及操作条件的缓和程度来划分类别。同时，参照采用 SAE（Society Automotive Engineers，美国汽车工程师协会）的黏度分类方法，又制定了 GB/T 14906—94《内燃机油黏度分类》，它将内燃机油分为不同的级别。

目前，我国工业生产的内燃机油分类，见表 5-1。

表 5-1 内燃机油分类（级）

分类方法	类（级）别	品种
黏度分类	单级油	20、30、40、50、60、0W、5W、10W、15W、20W、25W
	多级油	5W/30、5W/40、10W/30、10W/40、15W/40、20W/40
性能分类	汽油机油	SC、SD、SE、SF、SG、SH、SJ
	柴油机油	CC、CD、CD-Ⅱ、CE、CF-4、CG-4
	汽、柴油机通用油	SD/CC、SE/CC、SF/CD、SH/CF-4
	船用柴油机油	船用气缸油 10TBN、40TBN、70TBN 中速机油 12TBN、25TBN
	铁路内燃机车机油	3 代油、4 代油
	二冲程汽油机油	ERA、ERB、ERC、ERD

单一黏度等级的内燃机油的黏度分类见表 5-2。其中 20、30、40、50、60 表示油品在 100 ℃时的黏度等级，即高温黏度等级，其数值并不是油品的黏度值，但与油品黏度有对应的关系。例如，20 表示油品 100 ℃时的运动黏度在 5.6～9.3 mm²/s 范围内。带"W"的油品，如 0W、15W 等，表示冬（Winter）用，即低温黏度等级。例如，10W 表示该类油品在 -20 ℃时的动力黏度不大于 3 500 mPa·s。不带"W"的油品，适用于夏季或非寒区。

表 5-2　单一黏度等级的内燃机油黏度分类（GB/T 14906—94）

SAE 黏度等级	低温最高黏度		泵送极限温度/℃,不高于	运动黏度(100 ℃)/(mm²/s)	
	动力黏度/(mPa·s)	温度/℃		最小	最大
0W	3 250	−30	−35	3.8	—
5W	3 500	−25	−30	3.8	—
10W	3 500	−20	−25	4.1	—
15W	3 500	−15	−20	5.6	—
20W	4 500	−10	−15	5.6	—
25W	6 000	−5	−5	9.3	—
20	—	—	—	5.6	<9.3
30	—	—	—	9.3	<12.5
40	—	—	—	12.5	<16.3
50	—	—	—	16.3	<21.9
60	—	—	—	21.9	<26.1

　　一些油品既有高温黏度分级,又有低温黏度分级,故称为多级油,如 5W/40、10W/30、10W/40 等。由于多级油能同时满足高温黏度和低温黏度两个级别的要求,即在高温时能表现出足够大的黏度,在低温时又具有良好的流动性,因此适用于较宽的地区范围,不受季节限制。多级油利于节约能源,近年来发展迅速。

　　五、内燃机油规格

　　目前,我国有效的汽油机油标准是 GB/T 11121—1995《汽油机油》。该标准规定以精制矿物油、合成油或混合精制矿物油与合成油为基础油,加入多种添加剂制成的汽油机油和汽、柴油机通用油的技术条件,其产品适用于四冲程发动机,共包括 SC、SD、SE 和 SF 等四个品种的汽油机油,SD/CC、SE/CC 和 SF/CD 三个品种的汽、柴油机通用油,每个品种按 GB/T 14096—94 划分黏度等级。我国的柴油机油标准是 GB/T 11122—1997《柴油机油》。该标准规定以精制矿物油、合成油或混合精制矿物油与合成油为基础油,加入多种添加剂制成的 CC 和 CD 柴油机油的技术条件,所属产品适用于四冲程柴油发动机。

　　内燃机油的命名,包括品种代号和黏度等级。例如,SC15W/40、SE/CC30、CD30、CD20W/40 等。

　　六、润滑油的低温流动性

　　油品的低温流动性是指油品在低温下使用时,维持正常流动、顺利输送的能力。例如,我国"三北"地区冬季气候寒冷,室外发动机或机器的启动温度与环境温度基本相同,流动性差的柴油,往往不能可靠供油,严重时甚至使发动机无法工作。

　　因此,润滑油要求有良好的低温流动性,以保证在使用条件下无结晶析出,不堵塞滤清器,容易泵送,供油正常,以保证发动机易于启动。

　　七、凝点的测定意义

　　评定石油产品低温流动性的指标主要有凝点和冷滤点。

　　石油产品是多种烃类的复杂混合物,在低温下油品是逐渐失去流动性的,没有固定的凝固温度。根据组成不同,油品失去流动性的原因有两种。其一是黏温凝固,对含蜡很少或不含蜡的油品,温度降低,黏度迅速增大,当黏度增大到一定程度时,就会变成无定形的黏稠玻璃状物质而失去流动性,这种现象称为黏温凝固。影响黏温凝固的是油品中的胶状物质以及多环短侧链的环状烃。其二是构造凝固,对含蜡较多的油品,温度降低,蜡就会逐渐结晶出来,当析出的蜡形成网状骨架时,就会将液态的油包在其中而失去流动性,这种现象称为构造凝固。影响构造凝固的是油品中高熔点的正构烷烃、异构烷烃及带长烷基侧链的环状烃。黏温凝固和构造凝固,都是指油品刚刚失去流动性的状态,事实上,此时油品并未凝成坚硬的固体,仍是一种黏稠的膏状物,所以"凝固"一词并不十分确切。

由于油品的凝固是一个渐变过程,所以凝点的高低与测定条件有关。油品的凝点(或称凝固点)是指油品在规定的条件下,冷却至液面不移动时的最高温度,以℃表示。

油品凝点的高低与其化学组成密切相关。以柴油为例,当碳原子数相同时,柴油以上馏分的各类烃中,通常正构烷烃熔点最高,带长侧链的芳烃、环烷烃次之,异构烷烃则较小,因此石蜡基原油直馏柴油的凝点要比环烷基原油直馏柴油高得多。油品含水量超标,凝点会明显增高。胶质、沥青质、表面活性剂等能吸附在石蜡结晶中心的表面上,阻止石蜡结晶的生长,防止、延缓石蜡形成网状结构,致使油品凝点下降,因此加入某些表面活性物质(降凝添加剂),可以降低油品的凝点,使油品的低温流动性能得到改善,这是降低柴油凝点最为经济、简便的措施,广泛应用于油品生产中。此外,凝点较高的柴油中掺入裂化柴油也可以明显降低其凝点,如凝点为 -3 ℃的直馏柴油,按 1:1 的比例掺入 -6 ℃的催化裂化柴油,其调和凝点为 -14 ℃。

[工作任务详述]

一、方法概要

本方法(中华人民共和国国家标准 GB/T 510-83)适用于测定石油产品的凝点。测定方法是将试样装在规定的试管中,并冷却到预期的温度时,将试管倾斜 45°经过 1 min,观察液面是否移动。

二、准备工作

(1)制备含有干冰的冷却剂。在一个装冷却剂用的容器中注入工业乙醇,注满到容器内深度的 2/3 处。然后将细块的干冰放进搅拌着的工业乙醇中,再根据温度要求下降的程度,逐渐增加干冰的用量。每次加入干冰时,应注意搅拌,不使工业乙醇外溅或溢出。冷却剂不再冒出气体之后,添加工业乙醇达到必要的高度。注意使用溶剂汽油制备冷却剂时,最好在通风橱中进行。

(2)无水的试样直接按本方法"三、试验步骤"进行操作。含水的试样试验前需要脱水,但在产品质量验收试验及仲裁试验时,只要试样的水分在产品标准允许范围内,应同样直接按本方法"三、试验步骤"进行操作。

试样的脱水按下述方法进行,但是对于含水多的试样应先经静置,取其澄清部分来进行脱水。

一 对于容易流动的试样,脱水处理是在试样中加入新煅烧的粉状硫酸钠或小粒状氯化钙,并在 10~15 min 内定期摇荡,静置,用干燥的滤纸滤取澄清部分。

对于黏度大的试样,脱水处理是将试样预热到不高于 50 ℃,经食盐层过滤。食盐层的制备是在漏斗中放入金属网或少许棉花,然后在漏斗上铺上新煅烧的粗食盐结晶。试样含水多时需要经过 2~3 个漏斗的食盐层过滤。

(3)在干燥、清洁的试管中注入试样,使液面满到环形标线处。用软木塞将温度计固定在试管中央,使水银球距管底8～10 mm。

(4)装有试样和温度计的试管,垂直地浸在(50±1)℃的水浴中,直至试样的温度达到(50±1)℃为止。

三、试验步骤

(1)从水浴中取出装有试样和温度计的试管,擦干外壁,用软木塞将试管牢固地装在套管中,试管外壁与套管内壁要处处距离相等。

装好的仪器要垂直地固定在支架的夹子上,并放在室温中静置,直至试管中的试样冷却到(35±5)℃为止。然后将这套仪器浸在装好冷却剂的容器中。冷却剂的温度要比试样的预期凝点低7～8 ℃。试管(外套管)浸入冷却剂的深度应不小于70 mm。

冷却试样时,冷却剂的温度必须准确到±1 ℃。当试样温度冷却到预期的凝点时,将浸在冷却剂中的仪器倾斜45°,并保持这样的倾斜状态1 min,但仪器的试样部分仍要浸没在冷却剂内。

此后,从冷却剂中小心取出仪器,迅速地用工业乙醇擦拭套管外壁,垂直放置仪器并透过套管观察试管里面的液面是否有过移动的迹象。注意,测定凝点低于0 ℃的试样时,试验前应在套管底部注入无水乙醇1～2 mL。

(2)当液面位置有移动时,从套管中取出试管,并将试管重新预热至试样达(50±1)℃,然后用比上次试验温度低4 ℃或其他更低的温度重新进行测定,直至某试验温度能使液面位置停止移动为止。注意试验温度低于−20 ℃时,重新测定前应将装有试样和温度计的试管放在室温中,待试样温度升到−20 ℃,再将试管浸在水浴中加热。

(3)当液面的位置没有移动时,从套管中取出试管,并将试管重新预热至试样达(50±1)℃,然后用比上次试验温度高4 ℃或其他更高的温度重新进行测定,直至某试验温度能使液面位置开始移动为止。

(4)找出凝点的温度范围(液面位置从移动到不移动或从不移动到移动的温度范围)之后,就采用比移动的温度低2 ℃,或采用比不移动的温度高2 ℃,重新进行试验。如此重复试验,直至确定某试验温度能使试样的液面停留不动而提高2 ℃又能使液面移动时,就取使液面不动的温度,作为试样的凝点。

(5)试样的凝点必须进行重复测定。第二次测定时的开始试验温度,要比第一次所测出的凝点高2 ℃。

四、精密度

同一操作者重复测定两个结果之差不应超过2.0 ℃。由两个实验室提出的两个结果之差不应超过4.0 ℃。

五、影响测定的主要因素

预热条件和冷却速率是影响凝点测定的主要因素。不同预热条件和冷却速度下,石蜡在油品中的溶解程度、结晶温度、晶体结构及形成网状骨架的能力均不相同,可致使测定结果出现明显误差。因此,试验时只有严格遵守操作规程,才能得到正确的具有可比性的数据。

六、报告

取重复测定两个结果的算术平均值,作为试样的凝点。

如果需要检查试样的凝点是否符合技术标准,应采用比技术标准所规定的凝点高1℃来进行试验,此时液面的位置如能够移动,就认为凝点合格。

七、考核评分标准

考核评分标准如表5—3所示

表5—3 "石油产品凝点的测定"评分标准

序号	考核内容	考核要点	配分	评分标准	检测结果	扣分	得分	备注
1	准备	试样及仪器安装的准备	45	用软木塞将试管牢固地装在套管中时,试管外壁与套管内壁没有处处距离相等,扣5分				
				放在室温中静置,试管中的试样没有冷却到(35±5)℃为止,扣5分				
				冷却剂的温度未比试样的预期凝点低7~8℃,扣5分				
				试管浸入冷却剂的深度小于70 mm,扣5分				
				冷却试样时,冷却剂的温度没有准确到±1℃,扣5分				
				未将浸在冷却剂中的仪器倾斜45°,并保持这样的倾斜状态1 min,扣5分				
				仪器的试样部分没有浸没在冷却剂内,扣5分				
				错误或没有观察试管里面的液面是否过移动迹象,扣5分				
				测定低于0℃的凝点时,试验前未在套管底部注入无水乙醇1~2 mL,扣5分				
2	测定	加热过程	25	未将试管重新预热至试样达(50±1)℃,扣10分				
				未等到试验温度能使液面位置停止移动为止,扣10分				
				未正确找出凝点的温度范围,扣5分				
3	结果	报出结果及重复性	30	试样的凝点未进行重复测定,扣10分				
				第二次测定时的开始试验温度,没有比第一次所测出的凝点高2℃,扣10分				
				两个结果之差超过2.0℃,扣10分				
合计			100					

工作任务二 石油产品倾点的测定

[任务描述]

完成石油产品倾点的测定。

[学习目标]

(1)了解倾点是石油产品低温流动性的评定指标;

(2)掌握石油产品倾点的测定原理和方法。

[技能目标]

正确进行石油产品倾点的测定。

[所需仪器、材料和试剂]

石油和石油产品倾点的测定按 GB/T 3535—2006 标准方法进行,其试验仪器如图 5—1 所示。

(1)试管:由平底、圆筒状透明玻璃制成,内径 30.0～32.4 mm,外径 33.2～34.8 mm,高 115～125 mm,壁厚不大于 1.6 mm。距试管内底部(54±3)mm 处标有一条长刻线,表示内容物液面高度。

(2)温度计:局浸式。

(3)软木塞:配试管用,软木塞的中心打有插温度计的孔。

(4)套管:由平底、圆筒状金属制成,不漏水,能清洗,内径 44.2～45.8 mm,壁厚约 1 mm,高(115±3)mm。套管在冷浴中应能维持直立位置,高出冷却介质不能超过 25 mm。

(5)圆盘:由软木或毛毡制成,厚约 6 mm,直径与套管内径相同。

(6)垫圈:由橡胶、皮革或其他适当的材料制成。环形,厚约 5 mm,有一定的弹性,要求能紧贴试管外壁,而套管内壁保持宽松。还要求垫圈有足够的硬度,以保持其形状。注意环形垫圈的用途是防止试管与套管直接接触。

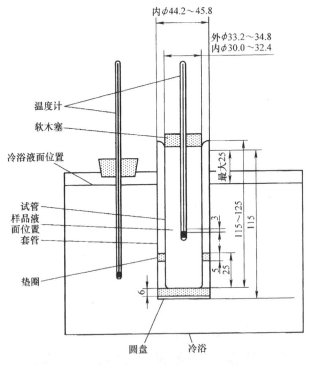

图 5—1 倾点测定仪

(7)冷浴:用于达到本标准所规定的温度。冷浴的尺寸和形状是任意的,要能把套管紧紧地固定在垂直的位置。浴温应用合适的、浸入正确深度的温度计来监控。当测定倾点温度低于 9 ℃的油品时,需用两个或更多的冷浴。所需的浴温可以用制冷装置或合适的冷却剂来维持。冷浴的浴温要求维持在规定温度的±1.5 ℃范围之内。

一般常用的冷却剂如下。

①9 ℃:冰和水(能用于制备标准中规定的 0 ℃浴)。

②-12 ℃:碎冰和氯化钠(能用于制备-18 ℃浴)。

③-27 ℃:碎冰和氯化钙(能用于制备-33 ℃浴)。

④-57 ℃:二氧化碳和冷却液①(能用于制备-51 ℃和-69 ℃浴)。

(8)计时器:测量 30 s 的误差最大不能超过 0.2 s。

(9)氯化钠:结晶状。

(10)氯化钙:结晶状。

(11)二氧化碳:固体。

(12)冷却液:丙酮、甲醇或乙醇。

[相关知识]

内燃机油的低温流动性对其使用性能影响很大。低温流动性差的内燃机油,不仅影响润滑,也给启动带来困难。因此要求内燃机油在低温使用条件下,能够顺利地泵送,并迅速流到各个摩擦面上,保证机件的可靠润滑。

评价内燃机油低温流动性的指标有倾点和边界泵送温度。

在试验规定的条件下冷却时,油品能够流动的最低温度,称为倾点(或称流动极限),单位以℃表示。通常,所用内燃机油的倾点应低于环境温度 8~10 ℃。

[工作任务详述]

一、方法概要

本方法(中华人民共和国国家标准 GB/T 3535—2006)规定了测定石油产品倾点的方法。同时也叙述了测定燃料油、重质润滑油基础油和含有残渣燃料组分的产品下倾点的试验步骤。注意,测定原油倾点的专用方法正在研究之中,但本方法所述的一般试验步骤也可用来测定原油倾点。要注意某些原油需要进行专门的预处理,以避免挥发性物质的损失。本方法精密度的确定是在不包括原油样品的基础上得到的。

试样经预加热后,在规定的速率下冷却,每隔 3 ℃检查一次试样的流动性。记录观察到试样能够流动的最低温度作为倾点。

二、试验步骤

(1)将清洁试样倒入试管中至刻线处。如果有必要,试样可先在水浴中加热流动,再倒入试管内。已知在试验前 24 h 内曾被加热超过 45 ℃的样品,或是不知其受热经历的样品,均需在室温下放置 24 h 后,方可进行试验。

(2)用插有高浊点和高倾点用温度计的软木塞塞住试管,如果试样的预期倾点高于 36 ℃,使用熔点用温度计(见表 5—4)。调整软木塞和温度计的位置,使软木塞紧紧塞住试管,要求温度计和试管在同一轴线上。让试样浸没温度计水银球,使温度计的毛细管起点浸在

_____

① 此混合物可按下述方法制备:在带盖的金属烧杯中,将适量的冷却液冷却至-12℃或低于-12℃(用冰盐混合物的方法),然后向已冷却的冷却液中加入足够量的二氧化碳,以得到所要求的温度。

试样液面下 3 mm 的位置。

表 5-4 给出了 ASTM 6C/IP 2C(低浊点和低倾点用温度计)、ASTM 5S/IP 1C(高浊点和高倾点用温度计)和 ASTM 61C/IP 63C(熔点用温度计)3 种局浸式玻璃液体温度计技术条件。

表 5-4 温度计技术条件

项目	低浊点和低倾点用温度计	高浊点和高倾点用温度计	熔点用温度计
温度范围/℃	-80~20	-38~50	32~127
浸入深度/mm	76	108	79
分度值/℃	1	1	0.2
长刻线间隔/℃	5	5	1
数字标刻间隔/℃	10	10	2
示值允差/℃	1(>-33 ℃时) 2(≤-33 ℃时)	0.5	0.2
安全泡允许加热最高温度/℃	60	100	150
总长度/mm	230±5	230±5	380±5
棒外径/mm	7±1	7±1	7±1
感温泡长/mm	8.5±1.5	8.5±1.5	23±5
感温泡外径/mm	≥5.0 且≤棒外径	≥5.5 且≤棒外径	
感温泡底部至刻线温度/℃	-70	-38	32
感温泡底部至刻线的距离/mm	110±10	125±5	110±5
刻度范围长度/mm	85±15	75±10	220±20

注:①露出液柱温度在整个温度范围为 21 ℃。

②因为有时温度计会出现液柱分离的情况,并可能被漏检。在试验前应先检查温度计,温度计的精度在±1 ℃范围(例如冰点)内才可使用。

(3)将试管中的试样进行以下预处理。

①倾点高于-33 ℃的试样应按下述方法处理。

(a)将试样在不搅动的情况下,放入已保持在高于预期倾点 12 ℃,但至少是 48 ℃的水浴中,将试样加热到 45 ℃或高于预期倾点 9 ℃(选择较高者)。

(b)将试管转移到已维持在(24±1.5)℃的浴中。

(c)当试样达到高于预期倾点 9 ℃(估算为 3 ℃的倍数)时,开始检查试样的流动性。

(d)如果当试样已达到 27 ℃时,试样仍能流动,则小心地从浴中取出试管,用一块清洁的、沾擦拭液的布擦拭试管外表面,然后将试管放在 0 ℃的浴中。观察试样的流动性,并按程序进行冷却。

②倾点为-33 ℃和低于-33 ℃的试样应按下述方法处理。

(a)将试样在不搅动的情况下,放入 48 ℃水浴中加热至 45 ℃,然后将其放在(6±1.5)℃浴中冷却至 15 ℃。

(b)当试样温度达到 15 ℃时,小心地从水浴中取出试管,用一块清洁的、蘸擦拭液的布擦拭试管外表面,然后取下高浊点和高倾点用温度计,换上低浊点和低倾点用温度计。将试管放在 0 ℃浴中,再依次将试管转移到各低温浴中。

(c)当试样温度达到高于预期倾点 9 ℃时,观察试样的流动性。

(4)要保证圆盘、垫圈、套管的内壁是清洁和干燥的,并将圆盘放在套管的底部。在插入试管前,圆盘和套管应放入冷却介质中至少 10 min。将垫圈放在试管的外壁,离底部约 25 mm,并将试管插入套管。除 21 ℃和 6 ℃之外,其余情况都不能将试管直接放入冷却介质中。

(5)观察试样的流动性。

①从第一次观察温度开始,每降低 3 ℃都应将试管从浴或套管中取出(根据实际使用情况),将试管充分地倾斜以确定试样是否流动。取出试管、观察试样流动性和试管返回到浴中的全部操作要求不超过 3 s。

②从第一次观察试样的流动性开始,温度每降低 3 ℃都应观察试样的流动性。要特别注意不能搅动试样中的块状物,也不能在试样冷却至足以形成石蜡结晶后移动温度计。因为搅动石蜡中的多孔网状结晶物会导致偏低或错误的结果。注意在低温时,冷凝的水雾会妨碍观察,可以用一块清洁的布蘸与冷浴温度接近的擦拭液擦拭试管以除去外表面的水雾。

(a)当试管倾斜而试样不流动时,应立即将试管放置于水平位置 5 s(用计时器测量),并仔细观察试样表面。如果试样显示出任何移动,应立即将试管放回浴或套管中(根据实际使用情况),待再降低 3 ℃时,重新观察试样的流动性。

(b)按此方式继续操作,直至将试管置于水平位置 5 s,试管中的试样不移动,记录此时观察到的温度计读数。

(6)如果温度达到 9 ℃时试样仍在流动,则将试管转移到下一个更低温度的浴中,并按下述程序在-6 ℃、-24 ℃和-42 ℃时进行同样的转移:

①试样温度达到 9 ℃,移到-18 ℃浴中;

②试样温度达到-6 ℃,移到-33 ℃浴中;

③试样温度达到-24 ℃,移到-51 ℃浴中;

④试样温度达到-42 ℃,移到-69 ℃浴中。

(7)对于那些倾点规格值不是 3 ℃的倍数的油品,也可按下述规定进行测定。从试样温度高于倾点规格值 9 ℃时开始检查试样的流动性,然后以 3 ℃的间隔观察试样,直到试样的规格值。报告试样通过或不通过规格值。

(8)对于燃料油、重质润滑油基础油和含有残渣燃料组分的产品,按上述步骤测定得到的结果是试样的上(最高)倾点。如需要测定试样的下(最低)倾点,可在搅动的情况下,先将试样加热至 105 ℃,然后再倒入试管中,按上述步骤测定试样的下(最低)倾点。

(9)如果使用自动倾点测定仪,要求用户严格遵循生产厂家仪器的校准、调整和操作说明书的规定。由于自动倾点测定仪的精密度尚未确定,因此,在发生争议时,应按本方法中所述的手动方法作为仲裁试验的方法。

三、结果表示

在"二、试验步骤"中(5)②(b)条记录得到的结果上加 3 ℃,作为试样的倾点或下倾点(根据实际使用情况),取重复测定的两个结果的平均值作为试验结果。

四、精密度

按下述规定判断试验结果的可靠性(95%的置信水平)。

（一）重复性

同一操作者，使用同一仪器，用相同的方法对同一试样测得的两个连续试验结果之差不应大于 3 ℃。

（二）再现性

不同操作者，使用不同仪器，用相同的方法对同一试样测得的两个试验结果之差不应大于 6 ℃。

注：精密度是由 10 个新的（未使用过的）矿油型润滑油和 16 个调和燃料油，在 12 个协作实验室做出的，矿油型润滑油倾点范围为 $-48 \sim -6$ ℃，燃料油倾点范围为 $-33 \sim 51$ ℃，得到表 5-5 中的精密度。

表 5-5　精密度要求

样品名称	重复性（允许差数）/℃	再现性（允许差数）/℃
矿油型润滑油	2.87	6.43
燃料油	2.52	6.59

五、影响测定的主要因素

影响倾点的因素与凝点相同，通过倾点的高低，可以估计石蜡含量，因为石蜡含量越多，油品越易凝固，倾点越高。内燃机油基础油的生产需要通过脱蜡工艺除去高熔点组分，以降低其倾点，但脱蜡加工的生产费用高，通常控制脱蜡到一定深度后，再加入降凝剂，使其倾点达到规定要求。

六、报告

试验报告至少应包括下述内容：

（1）被测产品的完整资料；

（2）试验结果；

（3）试验日期；

（4）注明测定试验是否使用了自动仪器。

七、考核评分标准

考核评分标准如表 5-6 所示。

表 5-6　"石油产品倾点的测定"评分标准

序号	考核内容	考核要点	配分	评分标准	检测结果	扣分	得分	备注
1	准备	试样及仪器的准备	20	未将清洁试样倒入试管中的刻线处，扣 5 分				
				未用插有高浊点和高倾点用温度计的软木塞塞住试管，扣 5 分				
				未将试管中的试样进行预处理，扣 5 分				
				未保证圆盘垫圈套管的内壁清洁和干燥，扣 5 分				

序号	考核内容	考核要点	配分	评分标准	检测结果	扣分	得分	备注
2	测定	倾点测定	40	从第一次观察温度开始,未做到每降低3 ℃将试管从浴或套管中取出,扣5分				
				未正确处理试样中块状物,扣5分				
				在试样冷却至足以形成石蜡结晶后移动温度计,扣10分				
				如果温度达到9 ℃时试样仍在流动,未将试管转移到下一个更低温度的浴中,扣10分				
				试验结束未清理仪器,扣10分				
3	结果	计算结果及考察结果	40	精密度不在规定范围内,扣10分				
				重复性不在规定范围内,扣10分				
				未取重复测定两个结果的算术平均值作为结果,扣20分				
合计			100					

工作任务三　石油产品闪点与燃点的测定(开口杯法)

[任务描述]

用开口杯法完成石油产品闪点与燃点的测定。

[学习目标]

(1)了解开口杯法测定石油产品闪点与燃点的原理;

(2)掌握开口杯法测定石油产品闪点与燃点的操作技巧。

[技能目标]

正确使用开口杯法测定石油产品的闪点与燃点。

[所需仪器和试剂]

(1)开口闪点测定器:符合 SH/T 0318 要求。

(2)温度计:符合 GB/T 514 要求。

(3)煤气灯、酒精喷灯或电炉(测定闪点高于 200 ℃的试样时,必须用电炉)。

(4)溶剂油:符合 SH 0004 要求。

[相关知识]

在内燃机油的使用中,闪点具有重要的意义。内燃机油通常都具有较高的闪点,使用时不易着火燃烧,如果发现油品的闪点显著降低,则说明内燃机油已受到燃料的稀释,应及时检修发动机或换油。例如,单级汽油机油闪点低于 165 ℃、多级汽油机油闪点低于 150 ℃时,必须更换新油。

[工作任务详述]

一、方法概要

本方法(中华人民共和国国家标准 GB/T 267—88)适用于测定润滑油和深色石油产

99

品。GB/T 514包含石油产品试验用液体温度计技术条件，SH/T 0004包含橡胶工业用溶剂油，SH/T 0318包含开口闪点测定器技术条件。

把试样装入内坩埚中到规定的刻线。首先迅速升高试样的温度，然后缓慢升温，当接近闪点时，恒速升温。在规定的温度间隔，用一个小的点火器火焰按规定通过试样表面，以点火器火焰使试样表面上的蒸气发生闪火的最低温度，作为开口杯法闪点。继续进行试验，直到用点火器火焰使试样点燃并至少燃烧5 s时的最低温度，作为开口杯法燃点。

二、准备工作

(1)试样的水分大于0.1%时，必须脱水。脱水处理是通过在试样中加入新煅烧并冷却的食盐、硫酸钠或无水氯化钙进行的。闪点低于100 ℃的试样脱水时不必加热；其他试样允许加热至50～80 ℃时用脱水剂脱水。脱水后，取试样的上层澄清部分供试验使用。

(2)内坩埚用溶剂油洗涤后，放在点燃的煤气灯上加热，除去遗留的溶剂油。待内坩埚冷却至室温时，放入装有细沙(经过煅烧)的外坩埚中，使细沙表面距离内坩埚的口部边缘约12 mm，并使内坩埚底部与外坩埚底部之间保持5～8 mm厚度的砂层。对闪点在300 ℃以上的试样进行测定时，两只坩埚底部之间的沙层厚度允许酌量减薄，但在试验时必须保持规定的升温速度。

(3)试样注入内坩埚时，对于闪点在210 ℃和210 ℃以下的试样，液面距离坩埚口部边缘为12 mm(即内坩埚内的上刻线处)；对于闪点在210 ℃以上的试样，液面距离口部边缘为18 mm(即内坩埚内的下刻线处)。

试样向内坩埚注入时，不应溅出，而且液面以上的坩埚不应沾有试样。

(4)将装好试样的坩埚平稳地放置在支架上的铁环(或电炉)中，再将温度计垂直地固定在温度计夹上，并使温度计的水银球位于内坩埚中央，与坩埚底部和试样液面的距离大致相等。

(5)测定装置应放在避风和较暗的地方并用防护屏围着，使闪点现象能够看得清楚。

三、试验步骤

(一)闪点的测定

(1)加热坩埚，使试样逐渐升高温度，当试样温度达到预计闪点前60 ℃时，调整加热速度，使试样温度达到闪点前40 ℃时能够控制升温速度为每分钟(4±1)℃。

(2)试样温度达到预计闪点前10 ℃时，将点火器的火焰放到距离试样液面10～14 mm处，并在该处水平面上沿着坩埚内径作直线移动，从坩埚的一边移至另一边所经过的时间为2～3 s。试样温度每升高2 ℃应重复一次点火试验。

点火器的火焰长度，应预先调整为3～4 mm。

(3)试样液面上方最初出现蓝色火焰时，立即从温度计读出温度作为闪点的测定结果，同时记录大气压力。注意试样蒸气的闪火同点火器火焰不应混淆。如果闪火现象不明显，必须在试样升高2 ℃时继续点火证实。

(二)燃点的测定

(1)测得试样的闪点之后，如果还需要测定燃点，应继续对外坩埚进行加热，使试样的升温速度为每分钟(4±1)℃。用点火器的火焰按(一)(2)条所述方法进行点火试验。

(2)试样接触火焰后立即着火并能继续燃烧不少于5 s，此时立即从温度计读出温度作为燃点的测定结果,同时记录大气压力。

(三)大气压力对闪点和燃点影响的修正

(1)大气压力低于 99.3 kPa(745 mmHg)时,试验所得的闪点或燃点 t_0(℃)按下式进行修正(精确到 1 ℃):

$$t_0 = t + \Delta t$$

式中:t_0——相当于 101.3 kPa(760 mmHg)大气压力时的闪点或燃点,℃;

t——在试验条件下测得的闪点或燃点,℃;

Δt——修正数,℃。

(2)大气压力在 72.0～101.3 kPa(540～760 mmHg)范围内,修正数 Δt(℃)可按下面两式中任一公式计算:

$$\Delta t = (0.000\,15t + 0.028)(101.3 - p) \times 7.5$$
$$\Delta t = (0.000\,15t + 0.028)(760 - p_1)$$

式中:p——试验条件下的大气压力,kPa;

t——在试验条件下测得的闪点或燃点(300 ℃以上仍按 300 ℃计),℃;

0.000 15,0.028——试验常数;

7.5——大气压力单位换算系数;

p_1——试验条件下的大气压力,mmHg。

注:对 64.0～71.9 kPa(480～539 mmHg)大气压力范围,测得闪点或燃点的修正数 Δt(℃)也可参照上两式进行计算。

此外,修正数 Δt(℃)还可以从表 5-7 中查出:

表 5-7 Δt 修正数表

闪点或燃点/℃	在下列大气压力〔kPa(mmHg)〕时修正数 Δt/℃										
	72.0 (540)	74.6 (560)	77.3 (580)	80.0 (600)	82.6 (620)	85.3 (640)	88.0 (660)	90.6 (680)	93.3 (700)	96.0 (720)	98.6 (740)
100	9	9	8	7	6	5	4	3	2	2	1
125	10	9	8	8	7	6	5	4	3	2	1
150	11	10	9	8	7	6	5	4	3	2	1
175	12	11	10	9	8	6	5	4	3	2	1
200	13	12	10	9	8	7	6	5	4	2	1
225	14	12	11	10	9	7	6	5	4	2	1
250	14	13	12	11	9	8	7	5	4	3	1
275	15	14	12	11	10	8	7	6	4	3	1
300	16	15	13	12	10	9	7	6	4	3	1

四、精密度

同一操作者重复测定的两个闪点结果之差不应大于表 5-8 中规定值。同一操作者重复测定的两个燃点结果之差不应大于 6 ℃。

表 5-8 重复性要求

闪点/℃	重复性(允许差数)/℃
≤150	4
>150	6

五、报告

取重复测定两个闪点结果的算术平均值作为试样的闪点。

取重复测定两个燃点结果的算术平均值作为试样的燃点。

六、考核评分标准

考核评分标准如表 5-9 所示。

表 5-9 "石油产品闪点与燃点的测定"评分标准

序号	考核内容	考核要点	配分	评分标准	检测结果	扣分	得分	备注
1	准备	试样及仪器的准备	20	试样含水未进行脱水,扣 5 分				
				未检查内、外坩埚的准备情况,扣 5 分				
				试样向内坩埚注入时溅出,扣 5 分				
				温度计放置错误,扣 5 分				
2	测定	闪点测定	20	升温速度不准确,扣 5 分				
				点火器的火焰长度不准确,扣 5 分				
				闪点温度记录不准确,扣 10 分				
		燃点测定	20	升温速度不准确,扣 10 分				
				燃点温度记录不准确,扣 10 分				
3	结果	计算结果及考察结果	40	未进行大气压力对闪点和燃点的修正,扣 10 分				
				重复性不在规定范围内,扣 10 分				
				未取重复测定两个结果的算术平均值作为结果,扣 20 分				
合计			100					

[拓展知识]

一、内燃机油的选用

正确、合理地选用内燃机油,对于内燃机的正常运转、延长其使用寿命都有重要意义。

1. 按使用说明书规定选用

通常,汽车、内燃机车及工程机械的使用说明书中,对所用内燃机油都有明确规定,因此可按规定选用相应质量级别的机油。

不同质量级别的内燃机油,其主要性能要求是不同的,这与发动机的结构和工作条件有关。通常,可按净化装置类型选择适当级别的机油,例如,有废气催化转换器的必须选用 SF级机油;有废气再循环装置的选用 SE 级机油;有曲轴箱正压通风装置的选用 SD 级机油;不设尾气净化装置的可选用 SC 级机油。我国内燃机油的性能及其适用范围见表 5—10、表

5-11。

表5-10 我国汽油机油性能及其适用范围

分 级	主要性能要求	适 用 范 围
SC	具有较好的清净分散性、抗氧抗腐性、抗磨性、防锈性、防低温沉积	适用于东风牌EQ 5100系列发动机
SD	具有较高的清净分散性、抗氧抗腐性、抗磨性、防锈性,比SC级具有更好的低温分散性	适用于解放牌改型CA 6102等发动机
SE	具有优良的清净分散性、高温抗氧化性、低温性和防锈性	适用于上海桑塔纳、天津大发微型车、北京XJ轻型越野车及丰田车等发动机
SF	在SE基础上进一步改进高温抗氧化性,有效地控制磨损,并要求延长换油期	适用于上海桑塔纳、北京XJ轻型越野车、丰田及奥迪等发动机
SG	抑制油品在发动机上沉积,改进高温氧化和高温油泥分散性	适用于各种苛刻条件下行驶的国产和进口高级轿车的发动机。例如,SJ级汽油机可用于沃尔沃、奔驰、宝马、林肯、别克和克莱斯勒等高级轿车
SH	在SG基础上,进一步提高油品的抗氧化性、清净分散性和抗磨性	
SJ	在SH基础上,又增加高温氧化、过滤性等模拟试验,进一步限制磷含量	

表5-11 我国柴油机油性能及其适用范围

分 级	主要性能要求	适 用 范 围
CC	具有抑制高温沉淀和低温油泥,防腐蚀、防生锈等性能	适用于第一环槽温度低于230~250℃的轻度增压和中等苛刻条件的柴油机,如各种国产和进口的中小型客车、轻型卡车、载重车、工程机械和固定柴油发电机组等的柴油机
CD	具有优良的抗高温沉淀和抗磨损性能	适用于第一环槽温度高于250℃的高速、高功率、增压柴油机,如各种运输车辆、大型客车、工程机械、采矿设备、发电机组等的柴油机
CF	—	适用于非高速公路内燃机车及施工机具
CE	具有优良的高温清净性和抗磨性	适用于高速、高负荷的涡轮增压柴油机,如奔驰MB227.1、MB228.1、沃尔沃VDS、马克EO-K2等高性能、大功率柴油机及车辆
CF-4	在CE基础上提高清净性和分散性,改善油耗、磨损	适用于高速公路重型卡车
CG-4	—	适用于高速公路重型卡车

2. 根据地区、季节、气温选用

低温季节及寒冷地区,应选用黏度小、倾点低的内燃机油,见表5-12。为避免换季换油,也可选用多级油,如长江以北、长城以南地区可选用15W/30或15W/40油品,寒区可选用10W/30油,严寒区可选用5 W/30油。

表 5－12　地区、季节、气温与选用内燃机油黏度等级的关系

气温及季节	地　　区	内燃机油黏度等级
＜－30 ℃	严寒区	0W
－30～－25 ℃	东北、西北等严寒区	5W
－25～－20 ℃	华北、中西部及黄河以北的寒区	15W 或 10W
－20～－15 ℃		
－15～－5 ℃	黄河以南,长江以北	20 W
－10～0 ℃	长江以南,南岭以北	15W
4～9 月	全国大部分地区	20、30、40

3. 根据发动机磨损及其工作情况选用

新发动机可选用黏度较小的内燃机油;使用较长的发动机,机件之间间隙增大,可选用黏度大些的内燃机油;对于时常停歇的短途车,曲轴箱温度较低,可选用黏度较低的油;南方夏季,对于重负荷、长距离运行的车辆,可选用黏度较高的油;新车磨合期,不论冬夏,都应使用黏度等级为 20 的内燃机油。

二、内燃机油的使用注意事项

1. 及时换油

内燃机油在使用过程中受高温、空气、金属催化等易被氧化、老化,形成漆膜、油泥等沉积物,影响发动机的正常工作,因此必须按时换油。换油期应按发动机使用说明书规定执行,当使用环境变化较大时,需按油品质量变化情况和报废指标决定(柴油机油换油指标见表5－13)。通常,可按规定的行驶里程来确定换油期,在较好路面行驶时,不同类型汽油机油的换油参考里程为 800～3 000 km 不等;而柴油机油的换油参考里程一般大于 1 400 km。

表 5－13　柴油机油换油指标和试验方法

项　　目		换油指标(GB/T 7607－2002)		试验方法
		CC、SD/CC、SE/CC	CD、SF/CD	
100 ℃运动黏度变化率/%	超过	±25		GB/T 265 或 GB/T 11137
碱值/(mg KOH/g)	低于	新油的 50%		SH/T 0251
正戊烷不溶物含量/%	大于	3.0 1.5①		SH/T 8926 B
铁含量/(mg/kg)	大于	2.0 100①	150 100①	SH/T 0197 或 SH/T 0077
酸值增值/(mg KOH/g)	大于	2.0		GB/T 7304
闪点(开口)/℃	低于	单机油 180 多级油 160		GB/T 3536
含水量/%	大于	0.2		GB/T 260

①适用于固定式柴油机。

注:本标准规定了柴油机油、汽油机/柴油机通用油在柴油机上使用过程中的换油指标。

换油时,应注意洗净残存油品,以免降低使用效果,缩短换油周期。

2. 内燃机油的代用

高质量级别的内燃机油可以代替低质量级别的内燃机油,反之则会导致发动机故障甚至损坏;非通用油,汽油机油与柴油机油不可代用;国产不同牌号的单级油,使用时可以混合,但不能混存;国产各种多级油,由于各厂使用的添加剂有所不同,同牌号、同级别的内燃机油不能混存、混用。

3. 油质的判断

内燃机油使用不久后颜色变深是正常的。这是因为油中的清净分散剂将积炭、漆膜、烟灰等溶解、分散于油中的缘故,有抗氧抗腐剂的内燃机油往往会使轴承表面生成暗色保护膜,不要轻易刮除。

4. 保证油面高度

应经常检查油底壳内内燃机油的液面高度,以油面保持在标尺上、下刻度线之间的位置为宜。油面过低,则油量不足,将导致油温升高,甚至泵送困难,影响润滑效果;油面过高,易引起窜机油,使内燃机油耗量增大,而且增加燃烧室积炭。

5. 防止污染

对发动机进行冲洗和保养时,要严防燃油、水分和机械杂质混入机油中,以免稀释机油或引起清净分散剂的乳化,降低使用效能。定期清洗滤清器,确保内燃机油清洁。

[知识和技能考查]

1. 填空题

(1)测定闪点时,油杯要用车用_____或_____洗涤,再用空气吹干。

(2)测定闪点时,闪点测定器要放在_____和_____的地点,并要围着防护屏。

(3)测定闪点点火时,使火焰在_____s内降到杯上含蒸气的空间中,停留_____s,立即迅速回到原位。如果看不到闪火,应继续_____,并按上述要求重复进行点火试验。

(4)测定凝点时,将试样装入规定的试管中,按规定条件预热到_____,在室温中冷却到_____,然后将试管放入装好冷却剂的容器中。当试样冷却到预期的凝点时,将浸在冷却剂中的试管倾斜_____,保持_____min,观察液面是否移动。然后,从套管中取出试管重新将试样预热到_____,按液面有无移动的情况,用比上次试验温度低或高_____℃的温度重新测定,直至能使液面位置静止不动而提高_____℃又能使液面移动时,则取液面不动的温度作为试样的凝点。

2. 判断题(正确的画"√",错误的画"×")

测定凝点时,冷却剂温度要比试样预期凝点低 7~8 ℃。 (　　)

学习情境六　润滑脂检验

工作任务一　石油产品闪点的测定(闭口杯法)

[任务描述]

用闭口杯法完成石油产品闪点的测定。

[学习目标]

(1)掌握闭口杯法测定石油产品闪点的方法和有关计算。

(2)掌握闭口杯闪点测定器的性能和操作方法。

[技能目标]

用闭口杯法正确进行石油产品闪点的测定。

[所需仪器和材料]

(1)闭口闪点测定器(见图6-1):符合 SH/T 0315《闭口闪点测定器技术条件》。

(2)温度计:符合 GB/T 514《石油产品试验用液体温度计技术条件》。

(3)防护屏:用镀锌铁皮制成,高度550～650 mm,宽度以适用为宜,屏身内涂成黑色。

[相关知识]

一、润滑脂分类

(一)润滑脂的组成

润滑脂是一种在常温下呈油膏状(半固体)的塑性润滑剂。润滑脂具有很高的黏附力、较强的润滑性,在摩擦表面上不易流动,其作用主要是润滑、密封和保护。润滑脂广泛应用于航空、汽车、纺织、食品等工业机械和轴承的润滑。

但是润滑脂的黏滞性强,使设备的启动负荷增大;流动性差,散热冷却效果不好,且供脂、换脂不便。因此,限制了其在高温(大于250 ℃)、高转速(超过2 000 r/min)条件下的使用。润滑脂的上述特性是由其组成所决定的。

润滑脂由基础油(75%～95%)、稠化剂(5%～20%)、添加剂(5%以下)三部分组成。基础油为润滑油(矿物油和合成油),它对润滑脂的使用性能起重要作用(见表6-1)。稠化剂是一些有稠化作用的固体物质,它是润滑脂的骨架,能把基础油吸附在骨架内使其失去流动能力而成为膏状(半固体)物质。稠化剂的性质和含量决定润滑脂的稠度及耐水耐热等使用性能。稠化剂分为皂基稠化剂和非皂基稠化剂两大类,目前常用的润滑脂多由皂基稠化基础油制成。添加剂有两类,一类是润滑脂所特有的,称为胶溶剂,有水、甘油及三乙醇胺等,它能使基础油与皂基稠化剂结合更加稳定,如钙基润滑脂一旦失去水,其胶体结构就会被破坏,而甘油在钙基润滑脂中可以调节脂的稠度;另一类与润滑油相似,有抗氧化剂、极压抗磨剂、防锈剂及结构改善剂等,但用量比润滑油多。为提高润滑脂抵抗流失和增强润滑能力,常添加一些石墨、二硫化钼和炭黑等作为填料。

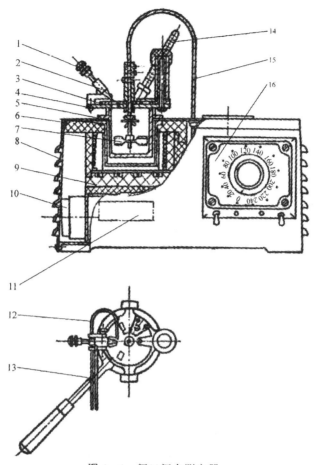

图 6-1 闭口闪点测定器

1—点火器调节螺丝；2—点火器；3—滑板；4—油杯盖；5—油杯；6—浴套；

7—搅拌棒；8—壳体；9—电炉盘；10—电动机；11—铭牌；12—点火管；

13—油杯手柄；14—温度计；15—传动软轴；16—开关箱

表 6-1 基础油性质与润滑脂性能的关系

基础油性质	对润滑脂性质的影响	基础油性质	对润滑脂性质的影响
氧化安定性	凝点	使用寿命和高温储存寿命	低温泵送性和启动性能
烃类组成	黏度和黏度指数	胶体安定性和结构	泵送性和黏温性

（二）润滑脂分类

润滑脂种类复杂，牌号繁多，一般采用以下三种分类方法。

1. 按稠化剂分类

润滑脂的性能特点主要取决于稠化剂的类型，用稠化剂命名可以体现润滑脂的主要特性。按该法分类，润滑脂分为皂基脂和非皂基脂两大类。

以高级脂肪酸的金属盐类作为稠化剂而制成的润滑脂称为皂基润滑脂。皂基润滑脂占润滑脂产量的 90%左右。按稠化剂的不同，皂基润滑脂又分成单皂基润滑脂（如钙基、钠基、锂基等）、混合皂基润滑脂（如钙—钠基）和复合皂基润滑脂（如复合钙基、复合铝基等）。非皂基润滑脂又分为烃基润滑脂、无机润滑脂和有机润滑脂。

107

2. 按润滑脂使用性能分类

润滑脂根据某种主要使用性能分为减摩润滑脂、防护润滑脂、密封润滑脂和增摩润滑脂。

3. 按国家标准分类

其分类依据是 GB/T 7631.8—90《润滑剂及有关产品(L类)的分类 第八部分:X组润滑脂》。该标准等效采用 ISO 6743/9—1987,是根据润滑脂应用时的操作条件、环境条件及需要润滑脂具备的各种使用性能进行分类的方法。每种润滑脂用五个大写字母组成的代号表示,其标记顺序和分类方法见表6—2、表6—3,其中水污染情况的确定见表6—4,润滑脂稠度等级见表6—5。

表6—2 润滑脂代号的字母标记顺序

L	字母1	字母2	字母3	字母4	字母5	黏度等级
润滑剂类	润滑脂组别	最低温度	最高温度	水污染(抗水性、防锈性)	极压性	稠度号

表6—3 润滑脂分类

字母代号(字母1)	总的用途	使用要求								标记
		操作温度范围				水污染	字母4	负荷EP	字母5	稠度	
		最低温度① /℃	字母2	最高温度② /℃	字母3						
X	用润滑脂的场合	0 −20 −30 −40 <−40	A B C D E	60 90 120 140 160 180 <180	A B C D E F G	在水污染的条件下润滑脂的润滑性、抗水性和防锈性	在高、低负荷下表示润滑脂的润滑性和极压性,A表示非极压型脂,B表示极压型脂	A B	可选用以下稠度号: 000 00 0 1 2 3 4 5 6	一种润滑脂的标记代号是由字母X和其他4个字母及稠度等级号联系在一起来标记的

注:①设备启动或运转时,或泵送润滑脂时,所经历的最低温度。

②使用时,被润滑部件的最高温度。

表6—4 水污染(字母4)情况的确定方法

环境条件①	防锈性②	字母4	环境条件①	防锈性②	字母4
L	L	A	M	M	F
L	M	B	H	L	G
L	H	C	H	M	H
M	L	D	H	H	I
M	M	E			

注:①L表示干燥环境;M表示静态潮湿环境;H表示水洗。

②L表示不防锈;M表示淡水存在下的防锈性;H表示盐水存在下的防锈性。

NLGI 级	000	00	0	1	2	3	4	5	6
锥入度/[(1/10)mm]	445～475	400～435	355～385	310～340	265～295	220～250	175～205	130～160	85～115

注：①NLGI 级为美国润滑脂协会的稠度编号。

二、润滑脂规格

为正确评定使用性能,合理使用润滑脂,必须了解其性能、用途。现以几种典型润滑脂为例,介绍其规格、性能及用途。

(一)钙基润滑脂

钙基润滑脂俗称"黄油",是由动植物油与氢氧化钙反应生成的钙皂为稠化剂,稠化中等黏度润滑油而制成的。合成钙基润滑脂则是用合成脂肪酸钙皂稠化中等黏度的润滑油而制成的。

钙基润滑脂按锥入度划分为 1 号、2 号、3 号和 4 号四个牌号。号数越大,脂越硬,滴点也越高。其质量指标见表 6－6。(锥入度和滴点的概念见后文。)

表 6－6　钙基润滑脂的质量指标

项　目		质量指标(GB 491—87)				试验方法
		1 号	2 号	3 号	4 号	
外观		淡黄色至暗褐色均匀油膏				目测
工作锥入度/[(1/10)mm]		310～340	265～295	220～250	175～205	GB/T 269
滴点/℃	不低于	80	85	90	95	GB/T 4929
腐蚀(T_2铜片,室温,24 h)		铜片上没有绿色或黑色变化				GB/T 7326
水分含量/%	不大于	1.5	2.0	2.5	3.0	GB/T 512
灰分含量/%	不大于	3.0	3.5	4.0	4.5	SH/T 0327
钢网分油量(60℃,24 h)/%	不大于	—	12	8	6	SH/T 0324
延长工作锥入度(1 万次)与工作锥入度差值/[(1/10)mm]	不大于	—	30	35	40	GB/T 269
水淋流失量(38℃,1 h)/%	不大于	—	10	10	10	SH/T 0109
矿物油黏度(40℃)/(mm²/s)		28.8～74.8		GB/T 265		

钙基润滑脂耐水性好,遇水不易乳化变质,能在潮湿环境或与水接触的情况下使用;胶体安定性好,储存中分油量少。但其抗热性能差,使用寿命短,是在国际上趋于淘汰的产品。

目前我国对钙基润滑脂的用量仍很大,主要应用于中小型电机、水泵、拖拉机、汽车、冶金、纺织机械等中等转速、中等负荷滑动轴承的润滑,使用温度范围为－10～60 ℃。

(二)钠基润滑脂

钠基润滑脂是以中等黏度润滑油或合成润滑油与天然脂肪酸钠皂稠化而成的。按锥入度划分为 2 号、3 号,质量指标见表 6－7。

钠基润滑脂具有良好的耐热性,长时间在较高温度下使用也能保持其润滑性;对金属的附着能力较强;但抗水性能差,遇水易乳化。

钠基润滑脂可用于振动大、温度较高(－10～120 ℃)的滚动或滑动轴承上,如汽车的离合器轴承、传动轴中间支承轴承等,不适用于与水相接触的润滑部位。

表6-7 钠基润滑脂的质量指标

项 目		质量指标(GB 491—87)		试验方法
		2号	3号	
滴点/℃	不低于	160	160	GB/T 4929
锥入度/[(1/10)mm] 工作 延长工作(1万次)	不大于	265~295 375	220~250 375	GB/T 269
腐蚀试验(T₂铜片,室温,24 h)		铜片上没有绿色或黑色变化		GB/T 7326
蒸发量(99 ℃,22 h)/%	不大于	2.0	2.0	GB/T 7325

(三)锂基润滑脂

锂基润滑脂是以天然脂肪酸锂皂稠化中等黏度的润滑油或合成润滑油,并添加抗氧剂、防锈剂和极压剂而制成的多效长寿命通用润滑脂。它是取代钙基、钠基及钙钠基润滑脂的换代产品,质量指标见表6-8。

表6-8 通用锂基润滑脂的质量指标

项 目		质量指标(GB7324—94)			试验方法
		1号	2号	3号	
外观		淡黄色至暗褐色均匀油膏			目测
工作锥入度/[(1/10)mm]		310~340	265~295	220~250	GB/T 269
滴点/℃	不低于	170	175	180	GB/T 4929
腐蚀(T₂铜片,室温,24 h)		铜片上没有绿色或黑色变化			GB/T 7326 乙法
钢网分油量(100 ℃,24 h)/%	不大于	10	5		SH/T 0324
蒸发量(99 ℃,22 h)/%	不大于	2.0			GB/T 7325
杂质(显微镜法)/(个/cm³) 10 μm 以上 25 μm 以上 75 μm 以上 125 μm 以上	不大于 不大于 不大于 不大于	5 000 3 000 500 0			SH/T 0336
氧化安定性(99 ℃,100 h, 0.760 MPa),压力降/MPa		0.070			SH/T 0335
相似黏度①(−15 ℃, 10 s⁻¹)/(Pa·s)		600	800	1 000	SH/T 0048
延长工作锥入度(10万次)/ [(1/10)mm]	不大于	380	350	320	GB/T 269
水淋流失量(38 ℃,1 h)/%	不大于	8			SH/T 0109
防腐蚀性(52 ℃,48 h)	不大于	1			GB/T 5018

注:①以中间基原油、环烷基原油生产的润滑脂,相似黏度的质量指标,允许1号、2号、3号分别为不大于800、1 000、1 500 Pa·s。

通用锂基润滑脂具有良好的抗水性、耐温性、机械安定性、防腐蚀性和胶体安定性。适用于工作温度－20～120 ℃范围内各种机械设备的滚动轴承及其他摩擦部位的润滑。

(四)复合铝基润滑脂

复合铝基润滑脂是由硬脂酸、另一种有机酸或合成脂肪酸及低分子有机酸的复合铝皂稠化中等黏度的润滑油而制成的。复合铝基润滑脂的质量指标见表6—9。

表6—9　复合铝基润滑脂的质量指标

项　目		质量指标(SH/T 0381—92)				试验方法
		1号	2号	3号	4号	
外观		淡黄色至暗褐色均匀油膏				目测
滴点/℃	不低于	180	195	200	210	GB/T 4929
工作锥入度/[(1/10)mm]		310～340	265～295	220～250	175～205	GB/T 269①
腐蚀(钢片、黄铜片,100 ℃,3 h)		合格	合格	合格	合格	SH/T 0331②
杂质(酸分解法)		无	无	无	无	GB/T 513
水分/%	不大于	痕迹	痕迹	痕迹	痕迹	GB/T 512
压力分油/%	不大于	10	8	6	4	GB/T 392

注:①根据用户需要,1号脂的工作锥入度可改变到350。

②腐蚀试验用含碳0.4%～0.5%的钢片和含铜57%～61%的黄铜片。

复合铝基润滑脂的滴点较高,具有热可逆性,使用时稠化度变化较小,加热不硬化,流动性能好,还具有良好的抗水性和胶体安定性。因此适用于－20～150 ℃温度范围的各种机械设备的高温、高速、高湿条件下的滚动轴承上。

三、润滑脂质量要求

(一)稠度适当

稠度是表示润滑脂在规定条件下变形程度和流动性能的指标。正因为润滑脂有一定的稠度,才使其具有抵抗流失的能力。不同稠度的润滑脂所适用的机械转速、负荷和环境温度等工作条件不同,因此,要求润滑脂的稠度要适当。

(二)耐热性好

润滑脂耐热性表示润滑脂在高温条件下的工作性状。耐热性差的润滑脂在高温下使用时,容易从机械中流失,破坏润滑,造成机械磨损。

(三)抗水性强

抗水性表示润滑脂在大气湿度条件下吸收水分的性能,要求润滑脂在储存和使用中不吸收水分。润滑脂吸收水分后,会使稠化剂溶解而改变结构,致使滴点降低,并易引起腐蚀,从而降低保护作用。

(四)安定性好

要求润滑脂在储存和使用中不易变质、分油。安定性包括胶体安定性、化学安定性和机械安定性,它们分别指润滑脂在储存和使用时避免胶体分解、防止润滑油析出的能力,润滑脂在储存与使用时抵抗大气的作用而保持其性质不发生永久变化的能力和润滑脂在机械工作条件下抵抗稠度变化的能力。

（五）极压性与抗磨性

润滑脂在两个相互接触的摩擦面之间形成的脂膜能承受来自轴向与径向的负荷。脂膜具有的承受负荷的特性称为润滑脂的极压性。一般而言,在基础油中添加了皂基稠化剂后,润滑脂的极压性增强。润滑脂通过脂膜防止金属相接触发生磨损的能力称为抗磨性。

（六）防腐性好

防腐性指润滑脂保护金属不被腐蚀的能力。要求润滑脂能有效地黏附在金属表面上,隔绝外界空气、水分与金属的接触。

四、润滑脂主要质量指标检验

润滑脂的主要质量指标有锥入度、滴点、析油量等。

（一）锥入度

锥入度是指在规定的温度[（25±0.5）℃]、负荷[（150±0.2）g]和时间（5 s）的条件下,标准锥体刺入润滑脂试样中的深度,以（1/10）mm 表示。锥入度反映润滑脂在低剪切速率条件下的变形与流动性能,依此可划分润滑脂稠度等级。锥入度的测定按 GB/T 269—91《润滑脂和石油脂锥入度测定法》进行,该法等效采用 ISO 2137—1985,锥入度测定计见图 6—2。锥入度值越高,表明脂越软,稠度越小,越易变形和流动;反之,则脂越硬,稠度越大,越不易变形和流动。润滑脂商品牌号通常用锥入度来划分。

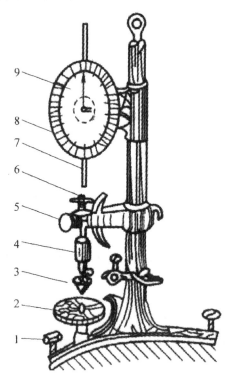

图 6—2　锥入度测定计

1—调节螺丝;2—旋转工作台;3—圆锥体;4—筒状砝码;5—按钮;
6—枢轴;7—齿杆;8—刻度盘;9—指针

按测定方法不同,锥入度又分为工作锥入度、不工作锥入度、延长工作锥入度和块锥入度,通常采用工作锥入度。

1. 工作锥入度

工作锥入度指试样在工作器(捣脂器)中经过60次全程往复工作后,在规定的温度下立即测定的锥入度,可从指示盘中读出其数值。它用于检测润滑脂经机械作用后的触变性能。捣脂器(见图6-3)是装有一片带孔金属板的脂杯,孔的大小、位置和数目都有规定。多孔板在脂杯内上下运动时,润滑脂通过小孔受到剪切作用。这种轻微的剪切,对润滑脂起到充分的搅拌作用,可使润滑脂分散得更均匀。

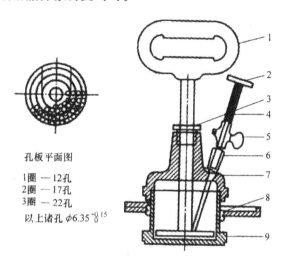

孔板平面图

1圈—12孔
2圈—17孔
3圈—22孔
以上诸孔 $\phi 6.35^{+0.15}_{0}$

图6-3　润滑脂捣脂器

1—把手;2—温度计;3—密封螺帽;4—温度计衬套;5—排气阀;6—接头;7—盖;8—切开的橡皮管;9—孔板

2. 不工作锥入度

不工作锥入度指试样不经捣动直接测定的锥入度值。

3. 延长工作锥入度

延长工作锥入度指试样在工作器中经过多于60次全程往复工作后测定的锥入度。

4. 块锥入度

块锥入度指试样在没有容器的情况下,具有保持其形状的足够硬度时测定的锥入度。

(二)滴点

滴点是润滑脂在规定条件下加热时达到一定流动性的最低温度,以℃表示。滴点测定按 GB/T 4929—85 (91)《润滑脂滴点测定法》进行,它等效采用国际标准建议草案 ISO/DP 2176—1979。测定时,将润滑脂装入滴点计的脂杯中,在规定的加热条件下,记录从标准仪器的脂杯中滴下第一滴液体(或流出液柱 25 mm 长)时的温度,即该润滑脂的滴点。

滴点是润滑脂规格中的耐温性能指标,用它可以粗略估计润滑脂最高使用温度。由于滴点时润滑脂已由半固态转变为液态,因此已丧失对金属表面的黏附能力。通常,润滑脂要在比其滴点低 10～30 ℃或更低的温度下使用。

另外,对宽温度范围的润滑脂滴点的测定可采用 GB/T 3498—83 (91)的标准方法。

(三)析油量

润滑脂的析油量是评价润滑脂的胶体安定性的指标。油的析出量越大,说明胶体的安定性越差,当润滑脂的析油量为超过 5％～20％时则不能使用。析油量的测定方法有以下三种。

1. GB/T 392—77 (90)《润滑脂压力分油测定法》

该法利用规定的加压分油器在规定的温度(15~25 ℃)和一定的荷重[(1 000±10) g]下,测定 30 min 内从润滑脂内压出油的质量分数。

2. SH/T 0321—92《润滑脂漏斗分油测定法》

该法测定时先将滤纸放入漏斗中并使滤纸紧贴在漏斗壁上,将捣脂器内搅拌好的试样放入有滤纸的漏斗内,并将试样紧密地放在滤纸上,利用滤纸的毛细作用在规定的温度下(一般为 50 ℃或 70 ℃),经一定的时间(24 h)后测定其析出的油量,以质量分数表示。

3. SH/T 0324—92《润滑脂钢网分油测定法(静态法)》

该标准参照采用美国联邦试验方法标准 FED 791C 321.3—86《润滑脂分油测定法(静态法)》,适用于测定润滑脂在提高温度下的分油倾向。该法测定时将约 10 g 试样装在金属丝钢网中,在静止状态下[(100±1) ℃],经 30 h 后,测定经过钢网流出油的质量分数。

润滑脂其他质量指标还有抗磨性[SH/T 0204—92《润滑脂抗磨性能测定法(四球机法)》]、储存安定性(SH/T 0452—92《润滑脂储存安定性试验法》)、极压性[SH/T 0203—92《润滑脂极压性能测定法(梯姆肯试验机法)》]、抗水淋性(SH/T 0109—92《润滑脂抗水淋性能测定法》)、高温性(SH/T 0428—92《高温下润滑脂在抗磨轴承中工作性能测定法》)等。

[工作任务详述]

一、方法概要

本方法(中华人民共和国国家标准 GB/T 261—83)适用于石油产品用闭口杯法在规定条件下加热到它的蒸气与空气的混合气接触火焰、发生闪火时的最低温度,该温度称为闭口杯法闪点。

试样在连续搅拌下用很慢的恒定的速率加热。在规定的温度间隔,同时中断搅拌的情况下,将一小火焰引入杯内。试验火焰引起试样上的蒸气闪火时的最低温度作为闪点。

二、准备工作

(1)试样的含水量超过 0.05% 时,必须脱水。脱水处理是在试样中加入新煅烧并冷却的食盐、硫酸钠或无水氯化钙进行。试样闪点估计低于 100 ℃时,不必加温;闪点估计高于100 ℃时,可以加热到 50~80 ℃。脱水后,取试样的上层澄清部分供试验使用。

(2)油杯要用无铅汽油洗涤,再用空气吹干。

(3)试样注入油杯时,试样和油杯的温度都不应高于试样脱水的温度。杯中试样要装满到环状标记处,然后盖上清洁、干燥的杯盖,插入温度计,并将油杯放在空气浴中。试验闪点低于 50 ℃的试样时,应预先将空气浴冷却到室温[(20±5) ℃]。

(4)将点火器的灯芯或煤气引火点燃,并将火焰调整到接近球形,其直径为 3~4 mm。使用带灯芯的点火器之前,应向点火器中加入轻质润滑油(如缝纫机油、变压器油等)作为燃料。

(5)闪点测定器要放在避风和较暗的地点,才便于观察闪火。为了更有效地避免气流和光线的影响,闪点测定器应围着防护屏。

(6)用检定过的气压计,测出试验时的实际大气压力 p。

三、试验步骤

(1)用煤气灯或带变压器的点热装置加热时,用注意下列事项。

①试验闪点低于 50 ℃的试样时,从试验开始到结束要不断地进行搅拌,并使试样温度

每分钟升高 1 ℃。

②试验闪点高于 50 ℃的试样时,开始加热速度要均匀上升,并定期进行搅拌。到预计闪点前 40 ℃时,调整加热速度,使在预计闪点前 20 ℃时,升温速度能控制在每分钟 2～3 ℃,并还要不断进行搅拌。

(2)试样温度到达预计闪点前 10 ℃时,对于闪点低于 104 ℃的试样每经 1 ℃进行一次点火试验;对于闪点高于 104 ℃的试样每经 2 ℃进行一次点火试验。

试样在试验期间都要转动搅拌器进行搅拌,只有在点火时才停止搅拌。点火时,使火焰在 0.5 s 内降到杯上含蒸气的空间中,留在这一位置 1 s 立即迅速回到原位。如果看不到闪火,就继续搅拌试样,并按本条的要求重复进行点火试验。

(3)在试样液面上方最初出现蓝色火焰时,立即从温度计读出温度作为闪点的测定结果。得到最初闪火之后,继续按照(2)条进行点火试验,应能继续闪火。在最初闪火之后,如果再进行点火却看不到闪火,应换试样重新试验;只有重复试验的结果依然如此,才能认为测定有效。

(4)大气压力对闪点影响的修正。

①观察和记录大气压力,按下两式计算在标准大气压力 101.3 kPa(760 mmHg)时闪点修正数 Δt(℃):

$$\Delta t = 0.25(101.3 - p) \tag{1}$$
$$\Delta t = 0.034\,5(760 - p) \tag{2}$$

式中:p——实际大气压力。式(1)中 p 的单位为 kPa;式(2)中 p 的单位为 mmHg。

②观察到的闪点数值加修正数,修约后以整数报结果。此外,式(2)修正数 Δt(℃)还可以从表 6-10 查出。

表 6-10 Δt 修正表

大气压力/mmHg	修正数 Δt/℃
630～658	+4
659～687	+3
688～716	+2
717～745	+1
775～803	-1

四、精密度

用以下规定来判断结果的可靠性(95%置信水平)。

(一)重复性

同一操作者重复测定两个结果之差,不应超过表 6-11 中数值。

表 6-11 重复性要求

闪点范围/℃	允许差数/℃
≤104	2
>104	6

（二）再现性

由两个实验室提出的两个结果之差，不应超过表6-12中数值。

表6-12　再现性要求

闪点范围/℃	允许差数/℃
≤104	4
>104	8

注：①本精密度的再现性不适用于20号航空润滑油。

②本精密度是1979—1980年用7个试样在12个实验室开展统计试验，并对试验结果进行数据处理和分析得到的。

五、影响测定的主要因素

影响闭口杯闪点测定的主要因素有试样含水量、加热速度、点火控制、试样装入量和大气压力等。

（一）试样含水量

闭口杯闪点测定法规定试样含水量不大于0.05%，否则，必须脱水。含水试样加热时，分散在油中的水会汽化，形成水蒸气，有时形成气泡覆盖于液面上，影响油品的正常汽化，推迟闪火时间，使测定结果偏高。

（二）加热速度

加热速度过快，试样蒸发迅速，会使混合气局部浓度达到爆炸下限而提前闪火，导致测定结果偏低；加热速度过慢，测定时间将延长，点火次数增多，消耗了部分油气，使到达爆炸下限的温度升高，则测定结果偏高。因此，必须严格按标准控制加热速度。

（三）点火控制

点火用的火焰大小、与试样液面的距离及停留时间都应按国家标准规定执行。球形火焰直径偏大、与液面距离较近及停留时间过长等都会使测定结果偏低。

（四）试样装入量

杯中试样要装至环形刻线处，过多或过少都会改变液面以上的空间高度，进而影响油蒸气和空气的混合气浓度，使测定结果不准确。

六、报告

取重复测定两个结果的算术平均值作为试样的闪点。

七、考核评分标准

考核评分标准如表6-13所示。

表6-13　"闪点高于50℃试样的闭口闪点测定"评分标准

序号	考核内容	考核要点	配分	评分标准	检测结果	扣分	得分	备注
1	准备	试样及闪点测定器的准备	30	试样含水未脱水，扣5分				
				烧杯不干净、不干燥，扣5分				
				试样高于脱水温度，扣5分				
				试样未注满到环状标记处，扣5分				

序号	考核内容	考核要点	配分	评分标准	检测结果	扣分	得分	备注
1	准备	试样及闪点测定器的准备	30	闪点测定器未放在避风和较暗的地方,扣5分				
				火焰调整不符合规定,扣3分				
				未检定过试验时的大气压力,扣2分				
2	测定	分析测定	50	未进行搅拌,扣5分				
				加热速率不均匀上升,扣5分				
				在达到预计闪点前20℃时,升温速度控制不正确,扣10分				
				在达到预计闪点前10℃时,每经过1℃进行点火试验不符合规范,扣10分				
				火焰停留时间过长,扣2分				
				试样点火时不停止搅拌,扣5分				
				未正确判断闪点,扣10分				
				大气压力对闪点有影响未修正,扣3分				
3	结果	结果考察	20	未取重复测定两个结果的算术平均值作为试样的闪点,扣5分				
				误差>4℃,扣8分				
				误差>3℃,扣5分				
				误差>2℃,扣2分				
	合计		100					

工作任务二　石油产品灰分的测定

[任务描述]

完成石油产品的灰分测定。

[学习目标]

(1)了解灰分是石油产品清洁性的评定指标;

(2)掌握石油产品灰分的测定原理。

[技能目标]

正确进行石油产品灰分的测定。

[所需仪器、材料和试剂]

(1)瓷坩埚或瓷蒸发皿:50 mL 和 90～120 mL。注意瓷坩埚或瓷蒸发皿可以使用至其里面的釉质损坏为止。

（2）电热板或电炉。

（3）高温炉：能加热到恒定于(775±25) ℃，用温度调节器调节炉中温度（高温炉温度的测量，可用热电偶和刻度为 1 000 ℃ 的毫伏计进行）。热电偶最好放在炉后壁的孔中，热焊头置于炉膛的中心处。

（4）干燥器：不装干燥剂。

（5）定量滤纸：直径 9 cm。

（6）盐酸：化学纯，配成 1∶4 的水溶液。

[相关知识]

灰分是油品在规定条件下灼烧后所剩的不燃物质，用质量分数表示。

灰分的来源主要是蒸馏不能除去的可溶性无机盐及油品精制时经酸碱洗涤后，腐蚀设备生成的金属氧化物。灰分是不能燃烧的矿物质，呈粒状，非常坚硬，在发动机运转中起摩擦的磨料作用，是造成气缸壁与活塞环磨损的主要原因。

其测定方法按 GB/T 508—85 (91)《石油产品灰分测定法》进行，该标准等同于 ISO 6245—82。测定时，将试油加热燃烧，再强热灼烧，使其中的金属盐类分解或氧化为金属氧化物（灰渣），然后冷却并称量，以质量分数表示。

[工作任务详述]

一、方法概要

本方法(中华人民共和国国家标准 GB/T 508—85)适用于测定石油产品的灰分，不适用于含有生灰添加剂（包括某些含磷化合物的添加剂）的石油产品，也不适用于含铅的润滑油和用过的发动机曲轴箱油。本方法参照采用国际标准 ISO 6245—1982《石油产品灰分测定法》。

用无灰滤纸做引火芯，点燃放在一个适当容器中的试样，使其燃烧到只剩下灰分和炭质残留物。再将炭质残留物放在 775 ℃ 高温炉中加热转化成灰分，然后冷却并称重。

二、准备工作

（1）将稀盐酸(1∶4)注入所用的瓷坩埚（或瓷蒸发皿）内煮沸几分钟，用蒸馏水洗涤。烘干后放在高温炉中在(775±25) ℃ 温度下煅烧至少 10 min，取出在空气中冷却 3 min，移入干燥器中。一个干燥器中放一对坩埚为宜。放一对 50 mL 的坩埚，一般冷却 30～45 min 可达到室温；放一对 100 mL 的坩埚，一般冷却 45 min 到 1 h 可达到室温。坩埚一经冷却就应进行称量，称准至 0.000 1 g。坩埚在干燥器内停留多长时间，则其后的所有称量都应当让其在干燥器内停留同样长的时间以后才进行。重复进行煅烧、冷却及称量，直至连续两次称量值的差数不大于 0.000 5 g 为止。

（2）取样前将瓶中试样（其量不得多于该瓶容积的 3/4）剧烈摇动均匀，要确保所取试样有真正的代表性。对黏稠的或含蜡的试样需预先加热至 50～60 ℃，再摇动均匀后进行取样。

三、试验步骤

（1）将已恒重的坩埚称准至 0.000 2 g，并以同样的准确度称入试样。所取试样量的多少依试样灰分含量的大小而定，以所取试样能足以生成 20 mg 的灰分为限，但最多不要超过 100 g。如果试样较多，一个坩埚盛不下时，需分两次燃烧试样，这时可用一个合适的试样容器，从其最初质量与最后质量之差来求得试样用量。注意，一般可取 25 g 试样装在 50 mL 的坩埚内进行试验，但对试验结果有争议时，应按上述的试样量进行试验。

(2)用一张定量滤纸叠成两折,卷成圆锥状,用剪刀把距尖端 5～10 mm 的顶端部分剪去,把卷成圆锥状的滤纸(引火芯)安稳地立插在坩埚内的油中,将大部分试样表面盖住。

(3)测定含水的试样时,将装有试样和引火芯的坩埚放置在电热板上,缓慢加热,使其不溅出,让水慢慢蒸发,直到浸透试样的滤纸可以燃着为止。

引火芯浸透试样后,点火燃烧。试样的燃烧应进行到获得干性炭化残渣时为止。燃烧时,火焰高度维持在 10 cm 左右。

对黏稠的或含蜡的试样,一边燃烧一边在电炉上加热。燃烧开始后,调整加热,使试样不至溅出,亦不从坩埚边缘溢出。

(4)试样燃烧之后,将盛有残渣的坩埚移入加热到(775±25)℃的高温炉中[应注意防止突然爆燃、冲出。可能时,可把坩埚先移入炉中,或于温度较低时移入炉中,之后再升至(775±25)℃],在此温度下加热,直到残渣完全成为灰烬(一般保持 1.5～2.0 h)。

(5)残渣成灰后,将坩埚放在空气中冷却 3 min,然后在干燥器内冷却至室温后进行称量,称准至 0.000 2 g。再移入高温炉中煅烧 20～30 min。重复进行煅烧、冷却及称量,直至连续两次称量值的差数不大于 0.000 4 g 为止。

滤纸灰分质量须作空白试验校正。

四、计算

试样的灰分 X(%)按下式计算:

$$X = \frac{m_1}{m} \times 100\%$$

式中:m_1——灰分的质量,g;

m——试样的质量,g。

五、精密度

用下列数值来判断结果的可靠性(95%置信水平)。

(一)重复性

同一操作者测得的两个结果之差不应超过表 6—14 中的数值。

表 6—14 重复性要求

灰分/%	重复性(允许差数)/%
<0.001	0.002
0.001～0.079	0.003
0.080～0.180	0.007
>0.180	0.01

(二)再现性

由两个实验室提供的两个结果之差,不应超过表 6—15 中的数值。

表 6—15 再现性要求

灰分/%	再现性(允许差数)/%
<0.001	未定
0.001～0.079	0.005
0.080～0.180	0.024
>0.180	未定

六、报告

取重复测定两个结果的算术平均值作为试样的灰分。

七、考核评分标准

考核评分标准如表6—16所示。

表6—16 "石油产品灰分测定"评分标准

序号	考核内容	考核要点	配分	评分标准	检测结果	扣分	得分	备注
1	准备	试样及仪器安装的准备	40	恒重的坩埚未称准至0.000 1 g,扣10分				
				试样超过100 g,扣10分				
				定量滤纸折叠不正确,扣10分				
				卷成圆锥状的滤纸(引火芯)未安稳地立插在坩埚内的油中,扣10分				
2	测定	加热过程	30	加热速度把握不正确,扣5分				
				试样的燃烧未进行到获得干性炭化残渣时为止,扣5分				
				试样燃烧之后,未将盛有残渣的坩埚移入加热到(775±25)℃的高温炉中,扣5分				
				残渣成灰后,未将坩埚放在空气中冷却3 min,扣5分				
				未放在干燥器内冷却至室温就称量,扣5分				
				未移入高温炉中煅烧20~30 min,扣5分				
3	结果	报出结果及重复性	30	灰分$X(\%)$计算不正确,扣10分				
				重复性表述不正确,扣10分				
				再现性表述不正确,扣5分				
				结果报出不详,扣5分				
合计			100					

工作任务三 石油产品铜片腐蚀的测定

[任务描述]

完成石油产品铜片腐蚀的测定。

[知识目标]

(1)了解石油产品铜片腐蚀的测定是石油产品腐蚀性的重要评定指标;

(2)掌握石油产品铜片腐蚀的测定方法。

[技能目标]

正确进行石油产品铜片腐蚀的测定。

[所需仪器、材料和试剂]

(1)烧杯或瓷杯:直径不小于70 mm,高度不小于100 mm。

(2)玻璃棒:比烧杯或瓷杯的直径长 20～30 mm,上有两个相距 20～30 mm 的凹形切口,以便挂玻璃小钩。

(3)L 形玻璃小钩:长约 30 mm,挂金属片用。

(4)放大镜:能放大 6～8 倍。

(5)瓷蒸发皿或培养皿。

(6)钢针或电刻机。

(7)刮刀。

(8)镊子。

(9)恒温箱:温度能控制到±2 ℃。

(10)砂纸或砂布:粒度为 180 号或 220 号。

(11)脱脂棉。

(12)金属片:圆形,直径 38～40 mm、厚(3±1) mm;或正方形,边长 48～50 mm、厚(3±1) mm。金属牌号需根据试样的产品标准而定。每一块金属片带有直径 5 mm 的孔眼一个:圆形金属片的孔眼中心位置在距离边缘 5 mm 的地方;正方形金属片的孔眼中心位置则在一角上距离两边 5 mm 的地方。

(13)92％乙醇:分析纯。

(14)苯:分析纯。

(15)橡胶工业用溶剂油。

(16)铜片腐蚀试验弹。

(17)碳化硅或氧化铝砂粒。

[相关知识]

铜片腐蚀试验是一种测定油品腐蚀性的定性方法,主要测定油品中有无腐蚀金属的活性硫化物(H_2S、RSH、磺酸类、硫酸酯类)、二氧化硫和三氧化硫等。对于活性硫化物来说,用铜片腐蚀法测定是十分灵敏的,十万分之一的硫都能测出。

本方法适用于测定航空汽油、喷气燃料、车用汽油、天然汽油或具有雷德蒸气压不大于 124 kPa 的其他烃类、溶剂油、煤油、柴油、馏分燃料油、润滑油和其他石油产品对铜的腐蚀性程度。某些石油产品,特别是天然汽油,其蒸气压比车用汽油或航空汽油的蒸气压更高,对此必须特别注意,不要把装有高蒸气压的天然汽油或其他产品的试验弹放在 100 ℃浴中。

[工作任务详述]

一、方法概要

本方法(中华人民共和国石油化工行业标准 SH/T 0331—92)规定了润滑脂腐蚀试验法。适用于测定润滑脂对金属的腐蚀性。以浸入润滑脂的金属试片表面与润滑脂在一定温度下,经一定时间作用后所发生的颜色变化,来确定润滑脂对金属的腐蚀性。

二、准备工作

(1)金属片的全部表面用砂纸或砂布纵向仔细磨光,最后用 220 号砂纸或砂布磨至光滑明亮,无明显的加工痕迹。各金属片的号码只许刻在边缘侧面。

(2)将磨好的金属片用镊子夹持于瓷蒸发皿或培养皿中用苯洗涤,再用苯浸过的脱脂棉擦拭,最后用干棉花擦干并不得用手接触。

(3)用放大镜来观察洗干和擦干的金属片,其上不得有腐蚀斑点等痕迹,对金属片上的小凹痕和小点,要用钢针和电刻机画一个直径不超过 1 mm 的圆环,如果金属片上再有污点,则再洗涤、擦干,如再有腐蚀痕迹存在时,该金属片应作废。

(4)本方法用的腐蚀标准色板是由全色加工复制而成的,它是在一块铝薄板上印刷四色加工而成的。腐蚀标准色板由代表失去光泽表面和腐蚀增加程度的典型试验铜片组成(见表 6-17)。为了保护起见,这些腐蚀标准色板嵌在塑料板中,在每块标准色板的反面给出了腐蚀标准色板的使用说明。为了避免色板褪色,腐蚀标准色板应避光存放。试验用的腐蚀标准色板要与另一块在避光下仔细地保护的(新的)腐蚀标准色板进行比较来检查其褪色情况。在散射的日光(或与散射的日光相当的光线)下,对色板进行观察,先从上方直接看,然后再从 45°角看。如果观察到任何褪色的迹象,特别是在腐蚀标准色板的最左边的色板有这种迹象,则应废弃这块色板。

检查褪色的另一种方法是当购进新色板时,把一条 20 mm 宽的不透明片(遮光片)放在这块腐蚀标准色板带颜色部分的顶部。把不透明片经常拿开,以检查暴露部分是否有褪色的迹象,如果发现有任何褪色,则应该更换这块腐蚀标准色板。

如果塑料板表面显示出有过多的划痕,则也应该更换这块腐蚀标准色板。

表 6-17 腐蚀标准色板的分级

分 级	名 称	说 明[1]
新磨光的铜片[2]		
1	轻度变色	a.淡橙色,几乎与新磨光的铜片一样 b.深橙色
2	中度变色	a.紫红色 b.淡紫色 c.带有淡紫蓝色或银色,或两种都有,并分别覆盖在紫红色上的多彩色 d.银色 e.黄铜色或金黄色
3	深度变色	a.洋红色覆盖在黄铜色上的多彩色 b.有红和绿显示的多彩色(孔雀绿),但不带灰色
4	腐蚀	a.透明的黑色、深灰色或仅带有孔雀绿的棕色 b.石墨黑色或无光泽的黑色 c.有光泽的黑色或乌黑发亮的黑色

注:①铜片腐蚀标准色板是由表中这些说明所表示的色板组成的。
　　②此系列所包括的新磨光铜片,仅作为试验前磨光铜片的外观标志。即使是一个完全不腐蚀的试样经试验后也不可能重现这种外观。

三、试验步骤

(一)试片的制备

(1)表面准备为了有效地达到预期的结果,需先用碳化硅或氧化铝(刚玉)砂纸(或砂布)把铜片 6 个面上的瑕疵去掉,再用 65 μm(240 粒度)的碳化硅或氧化铝(刚玉)砂纸(或砂布)处理,以除去在此以前用其他等级砂纸留下的打磨痕迹。用定量滤纸擦去铜片上的金属屑后,把铜片浸没在洗涤溶剂中。铜片从洗涤溶剂中取出后,可直接进行最后磨光,或贮存在洗涤溶剂中备用。

表面准备的操作步骤是把一张砂纸放在平坦的表面上,用煤油或洗涤溶剂湿润砂纸,以旋转动作将铜片对着砂纸摩擦,用无灰滤纸或夹钳夹持,以防止铜片与手指接触。另一种方法是用粒度合适的干砂纸(或砂布)装在马达上,通过驱动马达来加工铜片表面。

(2)从洗涤溶剂中取出铜片,用无灰滤纸保护手指来夹拿铜片。取一些 $105~\mu m$(150目)的碳化硅或氧化铝砂粒放在玻璃板上,用一滴洗涤溶剂湿润,并用一块脱脂棉,蘸取砂粒,用不锈钢镊子夹持铜片(千万不能接触手指),先摩擦铜片各端边,然后将铜片夹在夹钳上,用沾在脱脂棉上的碳化硅或氧化铝砂粒磨光主要表面。磨时要沿铜片的长轴方向,在返回来磨以前,使动程越出铜片的末端。用一块干净的脱脂棉使劲地摩擦铜片,以除去所有的金属屑,直到用一块新的脱脂棉擦拭时不再留下污斑为止。当铜片擦净后,马上浸入已准备好的试样中。

为了得到一个均匀的腐蚀色彩铜片,均匀地磨光铜片的各个表面是很重要的。如果边缘已出现磨损(表面呈椭圆形),则这些部位的腐蚀大多显得比中心厉害得多。使用夹钳会有助于铜片表面磨光。

(二)取样

(1)对会使铜片造成轻度变暗的各种试样,应该贮存在干净的深色玻璃瓶、塑料瓶或其他不致影响到试样腐蚀性的合适的容器中。镀锡容器会影响试样的腐蚀程度,因此,不能使用镀锡铁皮容器来贮存试样。

(2)容器要尽可能装满试样,取样后立即盖上。取样时要小心,防止试样暴露于直接的阳光下,甚至散射的日光下。实验室收到试样后,在打开容器后尽快进行试验。

(3)如果在试样中看到有悬浮水(浑浊),则用一张中速定性滤纸把足够体积的试样过滤到一个清洁、干燥的试管中。此操作尽可能在暗室或避光的屏风下进行。应注意,在整个试验进行前、试验中或试验结束后,铜片与水接触会引起变色,使铜片评定造成困难。

(三)具体步骤

(1)试验条件。不同的产品采用不同的试验步骤。某些产品类别很宽,可以用多于一组的条件进行试验。在这种情况下,对规定的某一个产品的铜片质量要求,将被限制在单一的一组条件下进行试验。下面叙述的时间和温度大多数是通常使用的条件。

①航空汽油、喷气燃料。把完全清澈和无任何悬浮水或无内含水的试样倒入清洁、干燥的试管中 30 mL 刻线处,并将经过最后磨光的干净的铜片在 1 min 内浸入该试管的试样中。把该试管小心地滑入试验弹中,并把弹盖旋紧。把试验弹完全浸入已维持在(100 ± 1)℃的水浴中。在浴中放置(120 ± 5)min 后,取出试验弹,并在自来水中冲几分钟。打开试验弹盖,取出试管,按(2)条所述检查铜片。

②天然汽油。完全按①所述进行,但温度为(40 ± 1)℃,试验时间为 3 h$\pm$5 min。

③柴油、燃料油、车用汽油。把完全清澈、无悬浮水或内含水的试样,倒入清洁、干燥的试管中 30 mL 刻线处,并将经过最后磨光、干净的铜片在 1 min 内浸入该试管的试样中。用一个有排气孔(打一个直径为 2~3 mm 小孔)的软木塞塞住试管。把该试管放到已维持在(50 ± 1)℃的浴中。在试验过程中,试管的内容物要防止强烈的光照。在浴中放置(180 ± 5)min后,按(2)条所述检查铜片。

④溶剂油、煤油。按③进行试验,但温度为(100 ± 1)℃。

⑤润滑油。按③进行试验,但温度为(100 ± 1)℃。此外,还可以在改变了的试验时间和温度下进行试验。为统一起见,建议从 120 ℃起,以 30 ℃为一个平均增量提高温度。

（2）铜片的检查。把试管的内容物倒入 150 mL 高型烧杯中，倒时要让铜片轻轻地滑入，以避免碰破烧杯。用不锈钢镊子立即将铜片取出，浸入洗涤溶剂中，洗去试样。立即取出铜片，用定量滤纸吸干铜片上的洗涤溶剂。把铜片与腐蚀标准色板比较来检查变色或腐蚀迹象。比较时，把铜片和腐蚀标准色板对光线成 45°角折射的方式拿持，进行观察。

如果把铜片放在扁平试管中，能避免夹持的铜片在检查和比较过程中留下斑迹和弄脏。扁平试管要用脱脂棉塞住。

（四）结果的表示

（1）按表 6-17 中所列的腐蚀标准色板的分级中的某一个腐蚀级表示试样的腐蚀性。

（2）当铜片是介于两种相邻的标准色板之间的腐蚀级时，则按其变色严重的腐蚀级判断试样。当铜片出现有比标准色板中 1b 还深的橙色时，则认为铜片仍属 1 级；但是，如果观察到有红颜色时，则所观察的铜片判断为 2 级。

（3）2 级中紫红色铜片可能被误认为黄铜色完全被洋红色的色彩所覆盖的 3 级。为了区别这两个级别，可以把铜片浸没在洗涤溶剂中。2 级会出现一个深橙色，而 3 级不变色。

（4）为了区别 2 级和 3 级中多种颜色的铜片，把铜片放入试管中，并把这支试管平放在 315～370 ℃的电热板上 4～6 min。另外用一支试管，放入一支高温蒸馏用温度计，观察这支温度计的温度来凋节电炉的温度。如果铜片呈现银色，然后再呈现金黄色，则认为铜片属 2 级。如果铜片出现如 4 级所述透明的黑色及其他各色，则认为铜片属 3 级。

（5）在加热浸提过程中，如果发现手指印或任何颗粒或水滴而弄脏了铜片，则需重新进行试验。

（6）如果沿铜片的平面的边缘棱角出现一个比铜片大部分表面腐蚀级还要高的腐蚀级别的话，则需重新进行试验。这种情况大多是在磨片时磨损了边缘而引起的。

（五）结果判断

如果重复测定的两个结果不相同，则需重新进行试验。当重新试验的两个结果仍不相同时，则按变色严重的腐蚀级来判断试样。

四、判断

（1）除了用钢针和电刻机所圈画过的地方及距孔和边缘 1 mm 以内地方外，用肉眼观察，在金属片上没有斑点和明显的不均匀的颜色变化，即认为试样合格。在试验铜片及铜合金片时允许金属片有轻微的均匀的变色。

（2）如仅有一块金属片上有腐蚀痕迹，则应重新试验；第二次试验时，即使在一块金属片上再度出现上述腐蚀情况，则认为试样不合格。

（3）严格按要求提供试剂，铜片抽样打磨光滑后不能用手触摸。

（4）严格控制恒温，测试环境要保证无硫及硫化物污染。

（5）某些石油产品如天然汽油，其蒸气压比车用汽油或航空汽油的蒸气压高，故要特别注意；不要把装有高蒸气压的天然汽油或其他产品的试液放在 100 ℃浴中测定，当雷德蒸气压超过 100 kPa 时，试样要采用 SH/T 0232 液化石油气铜片腐蚀试验法测定。

测定润滑油腐蚀时常用铜合金金属片在 100 ℃恒温下进行。

亦可用 GB/T 378—90 发动机燃料铜片腐蚀试验法进行铜片腐蚀试验。

五、影响测定的主要因素

（一）试验条件的控制

铜片腐蚀试验为条件性试验，试样受热温度的高低和浸渍试片时间的长短都会影响测定结果。一般情况下,温度越高、时间越长,铜片就越容易被腐蚀。

（二）试片洁净程度

所用铜片一经磨光、擦净,绝不能用手直接触摸,应当使用镊子夹持,以免汗渍及污物等加速铜片的腐蚀。

（三）试剂与环境

试验中所用的试剂会对测定结果有较大的影响,因此应保证试剂对铜片无腐蚀作用;同时还要确保试验环境没有含硫气体存在。

（四）取样

在整个试验进行前、试验中或试验结束后,铜片与水接触会引起变色,给铜片评定造成困难,因此如果看到试样中有悬浮物(浑浊),则用一张中速定性滤纸把足够体积的试样过滤到一个清洁、干燥的试管中。否则,试验样品不允许预先用滤纸过滤,以防止具有腐蚀活性的物质损失。

（五）腐蚀级别的确定

当一块铜片的腐蚀程度恰好处于两个相邻的标准色板之间时,则按变色或失去光泽较为严重的腐蚀级别给出测定结果。

六、考核评分标准

考核评分标准如表6-18所示。

表6-18 "石油产品铜片腐蚀的测定"评分标准

序号	考核内容	考核要点	配分	评分标准	检测结果	扣分	得分	备注
1	准备	试片的制备	50	未检查试验用具,扣5分				
				取样不避光、不快速,扣5分				
				铜片去瑕疵时,未用洗涤溶剂湿润砂纸,扣10分				
				铜片去瑕疵不完全,扣10分				
				未旋转摩擦,扣10分				
				铜片与手接触,扣10分				
2	结果	测定并报出结果	50	试片未在1 min内放入试样,扣5分				
				未旋紧弹盖,扣5分				
				试验时间、温度不符合规定条件,扣10分				
				取出铜片未用不锈钢镊子,扣5分				
				未用定量滤纸吸干铜片上的洗涤溶剂,扣5分				
				和腐蚀标准色板比较,光线不成45°,扣5分				
				腐蚀等级的判断错误,扣10分				
				未报告结果、时间、温度,扣5分				
	合计		100					

一、润滑脂的选用

(一)工作温度

工作温度是选择润滑脂的重要依据。一般认为润滑点工作温度超过润滑脂温度上限后,每升高 $10\sim15$ ℃,润滑脂寿命降低为原来的 $1/2$。

对润滑脂的耐温性能,不仅看其滴点的高低,还要考虑基础油的类型。对于 $160\sim200$ ℃ 的温度要求,一般应选用以复合皂、聚脲、膨润土为稠化剂,酯类油、合成烃、硅油做基础油的润滑脂;温度要求在 250 ℃,应选用以脲类有机物、氟化物为稠化剂,以苯基硅油、全氟聚醚为基础油的润滑脂;对于要求在低温下工作的润滑脂,一般低于 -30 ℃ 时,就必须使用以合成油为基础油的润滑脂,合成油润滑脂的最低极限温度是 -70 ℃。

(二)速度及负荷

润滑部件相对运动速度越高、负荷越重,润滑脂承受的剪切应力越大,致使稠化剂纤维骨架受到的破坏程度越大,润滑脂的使用寿命越短。此种条件下,应选用基础油黏度高、稠化剂含量高、具有较高极压性和抗磨性的润滑脂。

(三)环境条件

润滑部位所处的环境与接触的介质对润滑脂的性能有极大影响。通常,在潮湿、与水、水蒸气、海水有接触的环境,适宜使用抗水性比较好的复合铝润滑脂;接触酸或酸性气体的部位,适宜选用抗酸性比较好的复合钡基或脲基润滑脂;长期接触化学溶剂或强酸、强碱、强氧化剂的部位,则应使用全氟聚醚润滑脂。

除了以上几点外,在选用润滑脂时,还要考虑使用时的经济性,综合分析使用此润滑脂的润滑周期、加注次数、脂消耗量、轴承的失效率和维修费用等。

二、润滑脂的储存

润滑脂受温度的影响比润滑油大,长期暴露于高温下,可使润滑脂所含的油类分离。因此,润滑脂必须优先入库,密封储存,以减少温度、水分、阳光等对润滑脂的影响,避免蒸发或机械杂质及水分的进入,防止氧化、分油。不允许用木制或纸制的包装直接盛润滑脂,防止吸油使脂变硬。

三、润滑脂的使用注意事项

(一)润滑脂的更换

润滑脂在使用过程中由于氧化变质、基础油减少、混入杂质及流失等原因,其使用性能将会变差,因此必须定期更换,以满足润滑需要。更换时,应注意新旧润滑脂不能混用,因为旧润滑脂内含有大量的有机酸和杂质,会加速润滑脂氧化变质,故更换润滑脂时,一定要将零部件清洗干净,方可重新加入新润滑脂。

(二)润滑脂的代用

基础油相同的同类型润滑脂可以混用,如钙基脂与钠基脂、锂基脂与复合锂基脂等混合后,性能变化不大,不影响使用。但极压型润滑脂不能混合使用,否则会发生添加剂干扰,使润滑脂胶体安定性或机械安定性变差,影响其使用性能。

(三)润滑脂变硬后处理

多数润滑脂储存一段时间后会变硬,即稠度(锥入度值)变大。若不超过一个稠度号,可以直接使用,否则会增加动力消耗与磨损。当其他理化性质变化不大时,可在生产厂加入相同的基础油,再经均化处理并检测合格后,可以继续使用,而一般用户不具备均化处理工序条件,不可随意调入基础油进行软化处理,否则会破坏润滑脂的胶体安定性。

（四）润滑脂的填充量

润滑脂填充必须适量。若加脂过多,会使轴承摩擦转矩增大,引起轴承温度升高,导致润滑脂漏失。若过少,润滑脂油膜修补性不强,会发生干摩擦而损坏轴承。通常,以装到轴承内部空腔的 1/2～3/4 为宜,其中水平轴承填充内腔空间的 2/3～3/4;垂直安装的轴承填充内腔空间的 1/2(上侧),3/4(下侧);在容易污染的环境中,对于低速或中速的轴承,要把轴承盒里全部空间填满;高速轴承在装脂前应先将轴承放在优质润滑油中,一般是用所装润滑脂的基础油浸泡一下,以免在启动时因摩擦面润滑脂不足而引起轴承烧坏。

[知识和技能考查]

1. 名词解释

(1)润滑脂 (2)稠化剂 (3)皂基润滑脂 (4)胶溶剂 (5)稠度 (6)抗水性 (7)锥入度 (8)工作锥入度 (9)不工作锥入度 (10)延长工作锥入度 (11)块锥入度 (12)滴点

2. 判断题(正确的画"√",错误的画"×")

(1)滴点是润滑脂耐温性指标,用它可以粗略估计其最高使用温度。　　　　( )

(2)锥入度反映润滑脂在低剪切速率条件下的变形与流动性能,依此可划分润滑脂稠度等级。　　　　( )

(3)润滑脂要在滴点温度以下使用。　　　　( )

(4)多数润滑脂储存一段时间后会变硬,若稠度变化超过一个稠度号,则不宜直接使用。
　　　　( )

(5)凡是基础油相同的润滑脂均可以混用。　　　　( )

(6)当铜片腐蚀程度恰好处于两个相邻的标准色板之间时,则按变色或失去光泽较为严重的腐蚀级别给出测定结果。　　　　( )

(7)闭口杯闪点测定法规定试样含水量不大于 0.05％,否则,必须脱水。　　　　( )

(8)测定油品灰分时,用一张定量滤纸叠两折,卷成圆锥形,从尖端剪去 5～10 mm 后,平稳地插放在坩埚内油中,作为引火芯。　　　　( )

3. 填空题

(1)润滑脂主要作用是_____、_____和_____。

(2)润滑脂商品牌号通常用锥入度来划分,锥入度值越高,表明脂越_____,稠度越_____,越易变形和流动。

(3)润滑脂由_____、_____和_____三部分组成。

(4)润滑脂析油量越大,胶体安定性越_____,当析油量超过_____时,则不能使用。

(5)评定车用无铅汽油腐蚀性的指标有_____、_____、_____和_____。

(6)铜片腐蚀试验中,腐蚀标准色板分为四级,1 级为_____;2 级为_____;3 级为_____;4 级为_____。

(7)铜片腐蚀试验时,当铜片出现有比标准色板中 1b 还深的橙色时,则认为铜片为_____级;但是,如果观察到有红颜色时,则所观察的铜片判断为_____级。

4. 选择题(请将正确答案的序号填在括号内)

(1)润滑脂代号标记中 L—XBEGB00 中 00 的含义是(   )。

A. 润滑脂组别   B. 水污染   C. 极压性   D. 稠度号

(2)俗称"黄油"的润滑脂是(   )。

A. 钠基润滑脂   B. 钙基润滑脂   C. 复合铝基润滑脂   D. 锂基润滑脂

(3)钠基润滑脂具有良好的耐热性,长时间在较高温度下使用也能保持其润滑性,其适宜的工作温度范围是(   )。

A. $-10\sim60$ ℃   B. $-20\sim150$ ℃   C. $-10\sim120$ ℃   D. $-20\sim120$ ℃

(4)润滑脂滴点测定接近读数时,应以 $1\sim1.5$ ℃/min 的速度加热油浴,使试管内温度和油浴温度的差值维持在(   )。

A. $1\sim2$ ℃   B. $1\sim3$ ℃   C. $1\sim4$ ℃   D. $1\sim5$ ℃

(5)导致闭口闪点测定结果偏低的因素是(   )。

A. 加热速度过快   B. 试样含水量过高   C. 气压偏高   D. 火焰直径偏小

学习情境七　石油产品添加剂类检验

工作任务　石油产品添加剂液体化学产品颜色的测定

（Hazen 单位－铂－钴色号）

[任务描述]

完成石油产品添加剂液体化学产品颜色的测定。

[学习目标]

掌握石油产品添加剂液体化学产品颜色的测定方法。

[技能目标]

正确进行石油产品添加剂液体化学产品颜色的测定。

[所需仪器和试剂]

(1)721 型分光光度计或类似的分光光度计。

(2)纳氏比色管:50 或 100 mL,在底部以上 100 mm 处有刻度标记。

(3)比色管架:一般比色管架底部衬白色底板,底部也可安装反光镜,以提高观察颜色的效果。

(4)六水合氯化钴($CoCl_2 \cdot 6H_2O$):分析纯。

(5)盐酸:分析纯,符合 GB 622《盐酸》的要求。

(6)氯铂酸(H_2PtCl_6):

其制法是在玻璃皿或瓷皿中用沸水浴上加热法,将 1.00 g 铂溶于足量的王水中,当铂溶解后,蒸发溶液至干,加 4 mL 盐酸溶液再蒸发至干,重复此操作两次以上,这样可得 2.10 g 氯铂酸。

(7)氯铂酸钾(K_2PtCl_6):分析纯。

[相关知识]

石油产品添加剂种类繁多,按 SH 0398—92 石化行业标准规定,由石油产品添加剂应用场合分为润滑油添加剂、燃料油添加剂、复合添加剂和期货添加剂等四个部分。

润滑油和燃料油添加剂按其作用分组;复合添加剂按应用场合分组(见表 7－1)。

表 7－1　石油产品添加剂的分组和组号

组　别	组号	代号	组　别	组号	代号
润滑油添加剂			防锈剂	7	T7XX
清净剂和分散剂	1	T1XX	降凝剂	8	T8XX
抗氧抗腐剂	2	T2XX	抗泡沫剂	9	T9XX
极压抗磨剂	3	T3XX	燃料油添加剂		
油性剂和摩擦改进剂	4	T4XX	抗爆剂	11	T11XX
抗氧剂和金属减活剂	5	T5XX	金属钝化剂	12	T12XX
黏度指数改进剂	6	T6XX	防冰剂	13	T13XX

组　别	组号	代号	组　别	组号	代号
抗氧防胶剂	14	T14XX	汽油机油复合剂	30	
抗静电剂	15	T15XX	柴油机油复合剂	31	
抗磨剂	16	T16XX	通用汽车发动机油复合剂	32	
抗烧蚀剂	17	T17XX	二冲程汽油机油复合剂	33	
流动改进剂	18	T18XX	铁路机车油复合剂	34	
防腐蚀剂	19	T19XX	船用发动机油复合剂	35	
消烟剂	20	T20XX	工业齿轮油复合剂	40	
助燃剂	21	T21XX	车辆齿轮油复合剂	41	
十六烷值改进剂	22	T22XX	通用齿轮油复合剂	42	
清净分散剂	23	T23XX	液压油复合剂	50	
热安定剂	24	T24XX	工业润滑油复合剂	60	
染色剂	25	T25XX	防锈油复合剂	70	
复合添加剂			其他添加剂	80	

表7－2为常见的石油产品添加剂。

表7－2　常见的石油产品添加剂

组号	组别	化学名称	统一命名	统一符号	原符号
润滑油添加剂	1	清洁剂和分散剂	低碱值石油磺酸钙	101 清净剂	T101	上 202A
		中碱值石油磺酸钙	102 清净剂	T102	上 202B
		高碱值石油磺酸钙	103 清净剂	T103	上 202C
		低碱值合成磺酸钙	104 清净剂	T104	
		中碱值合成磺酸钙	105 清净剂	T105	
		高碱值合成磺酸钙	106 清净剂	T106	
		硫化聚异丁烯钡盐	108 清净剂	T108	
			108A 清净剂	T108	694
		烷基水杨酸钙	109 清净剂	T109A	兰 108
		环烷酸镁	111 清净剂	T111	兰 109
		高碱值环烷酸钙	114 清净剂	T114	
		单烯基丁二酰亚胺	151 分散剂	T151	T113
		双烯基丁二酰亚胺	152 分散剂	T152	T113B
		多烯基丁二酰亚胺	153 分散剂	T153	
		丁二酰亚胺	154 分散剂	T154	
		丁二酰亚胺	155 分散剂	T155	
	2	抗氧抗腐剂	硫磷烷基酚锌盐	201 抗氧抗腐剂	T201	6411
		硫磷丁辛基锌盐	202 抗氧抗腐剂	T202	
		硫磷双辛基碱性锌盐	203 抗氧抗腐剂	T203	
	3	极压抗磨剂	氯化石蜡	301 极压抗磨剂	T301	SPN－10
		酸性亚磷酸二丁酯	304 极压抗磨剂	T304	
		硫磷酸含氮衍生物	305 极压抗磨剂	T305	

组号	组别	化学名称	统一命名	统一符号	原符号
4	油性剂和摩擦改进剂	磷酸三甲酚酯	306 极压抗磨剂	T306	TCP
		硫代磷酸铵盐	307 极压抗磨剂	T307	SPN-4
		硫化异丁烯	321 极压抗磨剂	T321	T308
		二苄基二硫	322 极压抗磨剂	T322	T302
		环烷酸铅	341 极压抗磨剂	T341	T307
		二丁基二硫代氨基甲酸氧硫化钼	351 极压抗磨剂	T351	
		二丁基二硫代氨基甲酸锑	352 极压抗磨剂	T352	
		二丁基硫代氨基甲酸铅	353 极压抗磨剂	T353	
		硼酸盐	361 极压抗磨剂	T361	
		硫化鲸鱼油	401 油性剂		T401
		二聚酸	402 油性剂		T402
		油酸乙二醇酯	403 油性剂		T403
		硫化棉子油	404 油性剂		T404
		硫化烯烃棉子油-1(8%的含硫量,用于润滑油)	405 油性剂		T405
		硫化烯烃棉子油-2(10%的硫含量,用于润滑脂)	405A 油性剂		T405A
		苯三唑脂肪酸铵盐	406 油性剂		T406
		磷酸酯	451 摩擦改进剂		T451
		硫磷酸钼	461 摩擦改进剂		T461
5	抗氧剂和金属减活剂	2,6-二叔丁基对甲酚	501 抗氧剂	T501	
		2,6-叔丁基混合酚	502 抗氧剂	T502	
		4,4-亚甲基双(2,6-二叔丁基酚)	511 抗氧剂	T511	
		2,6-叔丁基-α-二甲氨基对甲酚	521 抗氧剂	T521	
		N-苯基-α-萘胺	531 抗氧剂	T531	
		含苯三唑衍生物复合剂	532 抗氧剂	T532	MD-05
		苯三唑衍生物	551 金属减活剂	T551	C-20
		噻二唑衍生物	561 金属减活剂	T561	R3
6	黏度指数改进剂	聚乙烯基正丁基醚	601 黏度指数改进剂	T601	
		聚甲基丙烯酸酯	602 黏度指数改进剂	T602	
		聚异丁烯(用于内燃机油)	603 黏度指数改进剂	T603	
		聚异丁烯(用于液压油)	603A 黏度指数改进剂	T603A	
		聚异丁烯(用于密封剂)	603B 黏度指数改进剂	T603B	
		聚异丁烯(用于齿轮油)	603C 黏度指数改进剂	T603C	
		聚异丁烯(用于拉拔油)	603D 黏度指数改进剂	T603D	
		乙丙共聚物	611 黏度指数改进剂	T611	T604
		乙丙共聚物(6.5%浓度)	612 黏度指数改进剂	T612	
		乙丙共聚物(8.5%浓度)	612A 黏度指数改进剂	T612A	
		乙丙共聚物(11.5%浓度)	613 黏度指数改进剂	T613	
		乙丙共聚物(13.5%浓度)	614 黏度指数改进剂	T614	
		聚丙烯酸酯	631 黏度指数改进剂	T631	上 606B

润滑油添加剂

	组号	组别	化学名称	统一命名	统一符号	原符号
润滑油添加剂	7	防锈剂	石油磺酸钡	701 防锈剂	T701	
			石油磺酸钠	702 防锈剂	T702	兰 703
			十七烯基咪唑啉烯基丁二酸盐	703 防锈剂	T703	玉 1215
			环烷酸锌	704 防锈剂	T704	
			二壬基萘磺酸钡	705 防锈剂	T705	
			苯并三氮唑	706 防锈剂	T706	
			烷基磷酸咪唑啉盐	708 防锈剂	T708	
			N－油酰肌氨十八铵盐	711 防锈剂	T711	
			氧化石油脂钡皂	743 防锈剂	T743	743 钡皂
			烯基丁二酸	746 防锈剂	T746	兰 708
	8	降凝剂	烷基萘	801 降凝剂	T801	
			聚 α－烯烃－1(用于浅度脱蜡油)	803 降凝剂	T803	
			聚 α－烯烃－2(用于深度脱蜡油)	803A 降凝剂	T803A	
			聚丙烯酸酯	814 降凝剂	T814	上 606A
	9	抗泡沫剂	甲基硅油	901 抗泡沫剂	T901	
			丙烯酸酯与醚共聚物	911 抗泡沫剂	T911	上 901A
			丙烯酸酯与醚共聚物	912 抗泡沫剂	T912	上 901B
	10	其他润滑油添加剂	胺与环氧化物缩合物	1001 抗乳化剂	T1001	DM114
燃料油添加剂	11	抗爆剂	四乙基铅	1101 抗爆剂	T1101	
	12	金属钝化剂	N,N－二亚水杨酸丙二胺	1201 金属钝化剂	T1201	
	13	防冰剂	乙二醇甲醚	1301 防冰剂	T1301	
	14	抗氧防胶剂	L－醇乙醚	1302 抗氧防胶剂	T1302	
	15	抗静电剂	脂肪酸铬钙盐混合物	1501 抗静电剂	T1501	
	16	抗磨剂	二聚酸和磷酸酯	1601 抗磨剂	T1601	T306
			环烷酸	1602 抗磨剂	T1602	
	17	抗烧蚀剂	33 号抗烧蚀剂	1733 抗烧蚀剂	T1733	
	18	流动改进剂	乙烯醋酸乙烯酯－1	1804 流动改进剂	T1804	T804
	19	防腐蚀剂	乙烯醋酸乙烯酯－2	1804A 流动改进剂	T1804A	
	20	消烟剂				
	21	助燃剂				
	22	十六烷值改进剂	硝酸酯	2201 十六烷值改进剂	T2201	
	23	清净分散剂				
	24	热安定剂				
	25	染色剂				
复合添加剂	30	汽油机油复合剂	QB 级复合剂	3001QB 级复合剂		
			QC 级复合剂	3011QC 级复合剂		
			QD 级复合剂	3031QD 级复合剂		
			QE 级复合剂	3041QE 级复合剂		
			QF 级复合剂	3061QF 级复合剂		

组号	组别	化学名称	统一命名	统一符号	原符号
复合添加剂					
31	柴油机油复合剂	CA 级复合剂 CC 级复合剂 CD 级复合剂	3101CA 级复合剂 3121CC 级复合剂 3141CD 级复合剂		
32	通用汽车发动机油复合剂				
33	二冲程汽油机油复合剂				
34	铁路机车油复合剂				
35	船用发动机油复合剂	船用气缸油复合剂 船用系统油复合剂 中速筒状活塞发动机油复合剂	3501 船用气缸油复合剂 3521 船用系统油复合剂 3541 中速筒状活塞发动机油复合剂		
40	工业齿轮油复合剂	普通工业齿轮油复合剂 中负荷工业齿轮油复合剂 重负荷工业齿轮油复合剂	4001 普通工业齿轮油复合剂 4021 中负荷工业齿轮油复合剂 4041 重负荷工业齿轮油复合剂		
41	车辆齿轮油复合剂	普通车辆齿轮油复合剂 中负荷车辆齿轮油复合剂 重负荷车辆齿轮油复合剂	4101 普通车辆齿轮油复合剂 4121 中负荷车辆齿轮油复合剂 4141 重负荷车辆齿轮油复合剂		
42	通用齿轮油复合剂				
50	液压油复合剂	抗氧防锈液压油复合剂	5001 抗氧防锈液压油复合剂		
60	工业润滑油复合剂	抗燃液压油复合剂 抗磨液压油复合剂 低温液压油复合剂 汽轮机油复合剂 压缩机油复合剂 导轨油复合剂	5011 抗燃液压油复合剂 5021 抗磨液压油复合剂 5051 低温液压油复合剂 6001 汽轮机油复合剂 6021 压缩机油复合剂 6041 导轨油复合剂		
70	防锈油复合剂				

一、方法概要

本方法(中华人民共和国国家标准 GB/T 3143—82)适用于测定透明或稍接近于参比的铂一钴色号的液体化学产品的颜色,这种颜色特征通常为"棕黄色"。试样的颜色与标准铂一钴比色液的颜色目测比较,并以 Hazen(铂一钴)颜色单位表示结果。Hazen(铂一钴)颜色单位即每升溶液含 1 mg 铂(以氯铂酸计)及 2 mg 六水合氯化钴溶液的颜色。

二、准备工作

(一)标准比色母液的制备(500 Hazen 单位)

在 1 000 mL 容量瓶中溶解 1.00 g 六水合氯化钴($CoCl_2 \cdot 6H_2O$)和相当于 1.05 g 的氯铂酸或 1.245 g 的氯铂酸钾于水中,加入 100 mL 盐酸溶液,稀释到刻线,并混合均匀。

标准比色母液可以用分光光度计以 1 cm 的比色皿按下列波长进行检查,其吸光值范围见表 7—3。

表 7—3 波长吸光度关系

波长/nm	吸光度值
430	0.110~0.120
455	0.130~0.145
480	0.105~0.120
510	0.055~0.065

(二)标准铂一钴对比溶液的配制

在 10 个 500 mL 及 14 个 250 mL 的两组容量瓶中,分别加入表 7—4 所示的标准比色母液的体积数,用蒸馏水稀释到刻线并混匀。

表 7—4 标准铂一钴对比溶液的配制

500 mL 容量瓶		250 mL 容量瓶	
标准比色母液的体积/mL	相应颜色/Hazen 单位 (铂一钴色号)	标准比色母液的体积/mL	相应颜色/Hazen 单位 (铂一钴色号)
		30	60
5	5	35	70
10	10	40	80
15	15	45	90
20	20	50	100
25	25	62.5	125
30	30	75	150
35	35	87.5	175
40	40	100	200
45	45	125	250
50	50	150	300
		175	350
		200	400
		225	450

（三）储存

将标准比色母液和稀释溶液放入带塞棕色玻璃瓶中，置于暗处，标准比色母液可以保存1年，稀释溶液可以保存1个月，但最好用新鲜配制的。

三、试验步骤

(1)向一支纳氏比色管中注入一定量的试样，使注满到刻线处，同样向另一支纳氏比色管中注入具有类似颜色的标准铂－钴对比溶液注满到刻线。

(2)比较试样与标准铂－钴对比溶液的颜色，比色时在日光或日光灯照射下，正对白色背景，从上往下观察，避免侧面观察，提出接近的颜色。

四、结果报告

试样的颜色以最接近于试样的标准铂－钴对比溶液的Hazen(铂－钴)颜色单位表示。如果试样的颜色与任何标准铂－钴对比溶液不相符合，则根据可能估计一个接近的铂－钴色号，并描述观察到的颜色。

附　　录

附录一　常用符号及单位

符号	意义	单位
c	物质的量浓度	mol/L
CN	标准燃料的十六烷值	1
CI	试样的十六烷指数	1
d	相对密度	1
DI	柴油指数	1
E_t	试样在温度 t 时的恩氏黏度	°E
F	相邻两层流体作相对运动时产生的内摩擦力	N
m	质量	g
MON	马达法辛烷值	1
$MUON$	道路法辛烷值	1
MPN	马达法品度值	1
ONI	抗爆指数	1
p	压力	Pa
Q	热量	kJ
Q_B	总热值	kJ/kg
S	面积	m²
RON	研究法辛烷值	1
t	温度	℃
t_A	苯胺点	℃
T	滴定度	g/mL
ν	运动黏度	m²/s
VI	黏度指数	1
ω	质量分数	%
X	酸值	mg KOH/g
ρ	密度	g/mL
μ	动力黏度,简称黏度	Pa·s
τ	平均流动时间(多次测定结果的算术平均值)	s
φ	体积分数	%

附录二　国内与国际及国外主要油品测试方法标准对应表(国家标准)

序号	标准名称	标准号 GB/T	国际标准 ISO	国　外　标　准					
				ASTM	JIS	IP	BS	DIN	其他
1	石油产品闪点测定法(闭口杯法)	261	2719	D93	K2265	34.404	2000/404	51758	
2	石油产品苯胺点测定法	262	2977	D611	K2256	2	2000/2	51775 51787	EN56
3	石油产品运动黏度测定法和动力黏度计算法	265	3104 3105	D445 D446	K2283	71	2000/71	51366 51550	
4	石油产品残炭测定法(康氏法)	268	6615	D189	K2270	13	2000/13	51551Ti	
5	润滑脂和石油脂锥入度测定法	269	2137	D217	K2220	50	2000/50	51804Ti	
6	煤油烟点测定法	382	3014	D1322	K2537	57	2000/57	51406	
7	石油产品热值测定法	384	1928	D240	K2279	12	2000/12	51900Ti	
8	柴油着火性质测定法(十六烷值法)	386	5165	D613	K2280	41	5580	51773	
9	汽油辛烷值测定法(马达法)	503	5163	D2700	K2280	236	2000/236	51756T_1, T_2	
10	绝缘油介电强度测定法	507	IEC156		C2101				
11	石油产品灰分测定法	508	6245	D482	K2272	4	2000/4		EN7
12	喷气燃料的水反应试验法	1793	6250	D1094	K2276	289		51415	
13	馏分燃料中硫醇硫测定法(电位滴定法)	1792	3012	D3227	K2276	342	2000/342	51796	
14	石油产品黏度指数计算法	1995	2906	D2270	K2283	226	2000/226		
15	航空燃料净热值计算法	2429	3648	D4529	K2279	381	2000/381	51900/2	
16	喷气燃料冰点测定法	2430	3013	D2386	K2276	16	2000/16	51421	
17	添加剂和含添加剂润滑油硫酸盐灰分测定法	2433	3987	D874	K2272	163	2000/163	51575	

序号	标准名称	标准号 GB/T	国际标准 ISO	国 外 标 准					
				ASTM	JIS	IP	BS	DIN	其他
18	石蜡熔点(冷却曲线)测定法	2539	3841	D87	K2235	55	4695		
19	石油倾点测定法	3535	3016	D97	K2269	15	2000/15		
20	石油产品闪点和燃点测定法(克利夫兰开口杯法)	3536	2592	D92	K2265	36.403	2000/403		
21	石油蜡含油量测定法	3554	2908	D721	K2235	158			
22	石油产品赛波特颜色测定法(赛波特比色计法)	3555		D156	K2580			51411	
23	石油沥青软化点测定法	4507		D36	K2207	58	2000/58	52011	
24	石油沥青延度测定法	4508		D113	K2207			52013	
25	石油沥青针入度测定法	4509		D5	K2207	49	2000/49	52010	
26	石油沥青脆点测定法	4510			K2207	80		52012	
27	石油和液体石油产品取样法(手工法)	4756	3170	D140 D4057	K2251		598 3195	51750 T₁,T₂	
28	润滑脂滴点测定法	4929	2176	D566	K2220	132	2000/132		
29	石油产品和润滑剂中和值测定法(颜色指示剂法)	4945	6618	D974	K2501	139	2000/139	51558T₁	
30	石油蜡针入度测定法	4985	3992	D1321	K2235			51579	
31	石油产品铜片腐蚀试验法	5096	2160	D130	K2513	154	2000/154	51759T₁	
32	石油沥青薄膜烘箱试验法	5304		D1754	K2207				
33	汽油辛烷值测定法(研究法)	5487	5164	D2699	K2280	237	2000/237	51756T₁, T₂	
34	原油和燃料油中沉淀物测定法(抽提法)	6531	3735	D473		50			

序号	标准名称	标准号 GB/T	国际标准 ISO	国 外 标 准					
				ASTM	JIS	IP	BS	DIN	其他
35	原油及其产品的盐含量测定法	6532			K2601	77			
36	石油产品蒸馏测定法	6536	3405	D86	K2254	123	7392	51751	
37	航空燃料与馏分燃料电导率测定法	6539	6297	D2624	K2276	274			
38	石油产品颜色测定法	6540	2049	D1500	K2580	196	2000/196		
39	石油浊点测定法	6986	3015	D2500	K2269	219	2000/219		
40	石油和合成液抗乳化性能测定法	7305	6614	D1401	K2520	412	2000/412	51599	FS3201
41	润滑脂和润滑油蒸发损失测定法	7325		D972	K2220				FS350
42	润滑脂铜片腐蚀试验法	7326		D4048	K2220	112	2000/112	51811	FS5304
43	石油产品蒸气压测定法(雷德法)	8017	3007	D323	K2258	69	2000/69	51754	EN12
44	汽油氧化安定性测定法(诱导期法)	8018	7536	D525	K2287	40	2000/40		
45	车用汽油和航空燃料实际胶质测定法(喷射蒸发法)	8019	6246	D381	K2261	131	2000/131		EN5
46	润滑油抗乳化性能测定法	8022		D2711					
47	石油蜡和石油脂滴熔点测定法	8026	6244	D127	K2235	133 371	2000/133		
48	汽油铅含量测定法(原子吸收光谱法)	8020		D3237	K2255				
49	石油产品对水界面表面张力测定法(圆环法)	6541	6295	D971	K2241				
50	石油产品减压蒸馏测定法	9168	6616	D1160	K2254			51365	
51	喷气燃料热氧化安定性测定法(JFTOT法)	9169	6249	D3241	K2276	323			
52	液化石油气蒸气压测定法(LPG法)	6602	4256	D1267	K2240	161 410	2000/410		

序号	标准名称	标准号 GB/T	国际标准 ISO	国 外 标 准					
				ASTM	JIS	IP	BS	DIN	其他
53	液体石油产品烃类测定法(荧光指示剂吸附法)	11132	3837	D1319	K2536	156	2000/156		
54	煤油燃烧性测定法	11130		D187					
55	加抑制剂矿物油在水存在下防锈性能试验法	11143	7120	D665	K2510	135	2000/135	51585	
56	润滑油极压性能测定法(梯姆肯试验机法)	11144		D2782	K2519	240			FS6505
57	石油沥青溶解度测定法	11148		D2042	K2207	47	2000/47	52014	
58	喷气燃料总酸值测定法	12574		D3242	K2276	354			
59	润滑油泡沫特性测定法	12579	6247	D892	K2518	146	2000/146		
60	加抑制剂矿物油的氧化特性测定法	12581	4263	D943	K2514			51587	
61	润滑剂极压特性测定法(四球法)	12583		D2783	K2519	239			FS6503
62	原油和液体或固体石油产品密度和相对密度测定法(毛细管塞比重瓶和带刻度双毛细管比重瓶法)	13377	3838		K2249	190	2000/190		
63	石油产品残炭测定法(微量法)	17144	10370	D4530	K2270	398	2000/398	51551T$_2$	
64	石油沥青比重和密度测定法	8928	3838	D70	K2207	190	2000/190		
65	石油沥青蒸发损失测定法	11964		D6	K2207	45	2000/45	52045	
66	发动机油表观黏度测定法(冷启动模拟机法)	6538		D5293	K2010	383			
67	汽油铅含量测定法(一氯化碘法)	11127	3830	D3341	K2255	270	2000/270		

序号	标准名称	标准号 GB/T	国际标准 ISO	国 外 标 准					
				ASTM	JIS	IP	BS	DIN	其他
68	喷气燃料辉光值测定法	11128		D1740	K2276				
69	喷气燃料水分离指数测定法	11129		D2550	K2276				

附录三　国内与国际及国外主要油品测试方法标准对应表(行业标准)

序号	标准名称	标准号 SH/T	国际标准 ISO	国 外 标 准					
				ASTM	JIS	IP	BS	DIN	其他
1	喷气燃料银片腐蚀试验法	0023			K2276	227			
2	润滑油蒸发损失测定法(诺亚克法)	0059						51581	CECL－40T
3	汽油和石脑油脱戊烷测定法	0062		D2001	K2536				
4	喷气燃料固体颗粒污染物测定法	0093	6248.2	D2276	K2276	216			
5	润滑脂抗水淋性能测定法	0109		D1264	K2220	215			
6	润滑脂滚筒安定性测定法	0122		D1831				51819E	
7	石油产品残炭测定法(兰氏法)	0160	4262	D524		14			
8	芳烃和轻质石油产品硫醇定性试验法(博士试验法)	0174	5275	D235 D4952	K2276	30			
9	馏分燃料油氧化安定性测定法(加速法)	0175		D2275					
10	润滑油破乳化值测定法	0191			K2520	19	2000/19		
11	润滑油氧化安定性测定法(旋转氧弹法)	0193		D2272	K2514	229			
12	润滑脂极压性能测定法(梯姆肯试验机法)	0203		D2509	K2220	326			

序号	标准名称	标准号 SH/T	国际标准 ISO	国　外　标　准					
				ASTM	JIS	IP	BS	DIN	其他
13	电气绝缘液体的折射率和比色散测定法	0205	5661	D1807	K2101				
14	液化石油气密度或相对密度测定法（压力密度计法）	0221	3993	D1657	K2240	235			
15	液化石油气铜片腐蚀试验法	0232	6251	D1838	K2240	411	2000/411		
16	液化石油气采样法	0233	4257	D1265	K2240			51610	
17	馏分燃料冷滤点测定法	0248			K2288	309		EN116	
18	石油沥青质含量测定法	0266				143		51595	
19	润滑脂氧化安定性测定法	0325		D942	K2220	142	2000/142	51808	
20	汽车轮轴承润滑脂漏失量测定法	0326		D1263	K2220				
21	滚珠轴承润滑脂低温转矩测定法	0338		D1478	K2220				
22	石油沥青黏度测定法（真空毛细管法）	0557		D2171					
23	液体密度和相对密度测定法（数字密度计法）	0604	12185	D4052 D5002	K2249	365	2000/365	51757	
24	微晶蜡含油量测定法（体积法）	0638	2908	D721	K2235	158			
25	石油沥青运动黏度测定法	0654		D2170					
26	柴油中硝酸烷基酯含量测定法（分光光度法）	0559	13759	D4046	K2270	430	2000/430		
27	润滑脂表观黏度测定法	0681		D1092	K2220				
28	液化石油气残留量测定法	SY/T 7509		D2158					

序号	标准名称	标准号 SH/T	国际标准 ISO	国 外 标 准					
				ASTM	JIS	IP	BS	DIN	其他
29	喷气燃料中萘系烃含量测定法（紫外分光光度法）	0181		D1840	K2276				

注：标准代号说明

GB/T：中国国家标准（推荐）　　　　SH/T：中国石化行业标准（推荐）

SY/T：中国石油行业标准（推荐）　　ISO：国际标准

ASTM：美国材料与试验协会标准　　JIS：日本工业标准

IP：英国石油协会标准　　　　　　BS：英国标准

DIN：德国工业标准　　　　　　　EN：欧洲标准化委员会标准

FS：美国联邦标准　　　　　　　CECL：欧洲协调委员会标准

参 考 文 献

[1] 王祥,周顺行,张波.石油产品化验仪器使用与维护[M].北京:中国石化出版社,2006.

[2] 黄一石.分析仪器操作技术与维护[M].北京:化学工业出版社,2009.

[3] 中国石油天然气集团公司职业技能鉴定指导中心.油品分析工[M].北京:中国石油大学出版社,2008.

[4] 中国石油化工集团公司人事部.油品分析工[M].北京:中国石化出版社,2009.

[5] 庞荔元.油品分析员读本[M].北京:中国石化出版社,2010.

[6] 刘德生.油品分析[M].北京:化学工业出版社,2009.

[7] 王宝仁,胡伟光.油品检验技术[M].北京:化学工业出版社,2005.